无人机导航
与自主控制技术研究

王晓斌　高　爽◎著

电子科技大学出版社
University of Electronic Science and Technology of China Press
·成都·

图书在版编目（CIP）数据

无人机导航与自主控制技术研究 / 王晓斌，高爽著．

成都：成都电子科大出版社，2024．7． -- ISBN 978-7
-5770-1068-7

Ⅰ．V279

中国国家版本馆 CIP 数据核字第 202413EJ67 号

无人机导航与自主控制技术研究
WURENJI DAOHANG YU ZIZHU KONGZHI JISHU YANJIU
王晓斌　高　爽　著

策划编辑　李述娜
责任编辑　李述娜
责任校对　李雨纾
责任印制　梁　硕

出版发行　电子科技大学出版社
　　　　　成都市一环路东一段159号电子信息产业大厦九楼　邮编 610051
主　　页　www.uestcp.com.cn
服务电话　028-83203399
邮购电话　028-83201495

印　　刷　石家庄汇展印刷有限公司
成品尺寸　170mm×240mm
印　　张　16
字　　数　246千字
版　　次　2024年7月第1版
印　　次　2024年7月第1次印刷
书　　号　ISBN 978-7-5770-1068-7
定　　价　88.00元

前　　言

在快速发展的科技时代，无人机技术以其独特的优势和广泛的应用前景，成为全球研究的焦点。从民用探测、农业监测到环境保护和灾害救援等，无人机的应用覆盖了社会经济的各个方面。随着需求的多样化和应用场景的复杂化，无人机技术的发展急需突破现有的技术瓶颈，特别是在导航和无人机自主控制领域。正是在这样的背景下，本书应运而生。

本书的撰写建立在对当前无人机技术发展现状的深入分析和对未来趋势的预判上。目前，无人机技术尽管已经取得了显著的进步，但在自主控制和精确导航方面仍然面临着诸多挑战。这些挑战不仅涉及复杂环境下的飞行安全和效率，还包括在多任务执行、群体协同作业等高级功能上的实现。因此，本书力图通过对这些关键技术进行深入探讨和实例分析，为无人机技术的研究者和应用工程师提供一份实用的参考。

本书首先回顾了无人机系统的基本概念和发展历程，其中重点介绍了飞行控制技术和导航技术的演变，这不仅能够帮助读者建立对无人机技术的历史和现状的整体认识，还为后续章节中更深入的技术讨论奠定了基础。

其次，本书深入讨论了固定翼无人机和多旋翼无人机的自主控制技术，不仅从理论上分析了这些技术的原理和实现方法，还通过实例展示了它们在实际应用中的效果。本书还着重介绍了多旋翼无人机在先进感知与避障技术方面的最新研究成果，这些内容对于推动无人机技术向更高级别的自主性发展具有重要意义。在无人机自主控制系统的管理与优化方面，本书也提供了一系列性能评估和优化策略，旨在帮助读者理解如何提升无人机的操作效率和安全性。

最后，本书对无人机技术的未来发展趋势进行了展望，旨在激发读者对无人机技术进行深入研究和创新应用的兴趣。我们相信，随着技术的不断进步和应用领域的不断扩展，无人机将在未来社会经济发展中扮演越来越重要的角色。

撰写本书的过程是一次知识整合和思想碰撞的旅程，能与读者分享我们的研究成果和思考，我们深感荣幸。我们也意识到，由于时间和能力的限制，书中难免存在不足之处。因此，我们非常期待读者的反馈和建议，希望能在未来的工作中不断改进和完善本书的内容，共同推动无人机技术的发展。

著 者

2024年7月

目　　录

第1章 绪 论

无人机[①]也称 UAV（unmanned aerial vehicle），与传统有人驾驶飞机不同，是一种依赖无线电遥控或机载系统操纵的无人航空器。作为创新作战平台，无人机在电子对抗、通信中继等领域扮演着核心角色。技术演进和人工智能的进步推动了新型无人飞行器和作战模式的发展，这对无人机的导航和飞行控制系统提出了更高标准。本章将探讨无人机系统的多样分类与构成，深入讲解飞行控制技术与无人机导航的基础概念及进展，展示技术革新对无人机领域的推动作用。

1.1 无人机系统概述

在现代技术快速发展的背景下，无人机及其系统成为技术创新和应用的热点。无人机不仅可以作为单独的飞行器，在执行各种任务中展现出独特的能力和优势，还可以作为完整系统的一部分，在民用和军事领域扮演着越来越重要的角色。本节将深入探讨无人机及无人机系统的基本概念，并描述无人机系统的通用组成部分，使读者能够对无人机技术及其应用领域有一个全面的了解。

---

① 刘军.无人机 [M].天津：天津科学技术出版社，2019：3-16.

1.1.1 无人机和无人机系统的概念

无人机以其无须机上人员操纵、自主飞行能力、一定的载荷容量以及可重复使用的特性，区别于传统航模和导弹，呈现出独特的优势和应用潜力。这种航空器不仅能够执行复杂任务，还能在多种环境下展示其高度的适应性和灵活性。

无人机的命名主要描述了无人飞行器平台本身，无人机系统则更为广泛，包括无人机平台以及必要的任务载荷、数据链路、发射与回收系统、控制站、支持与维护设施等，构成了一个完整的设备群，旨在完成指定的任务。这样一个系统可能包含多架无人机，以满足更广泛或更复杂的操作需求。

无人机的应用范围广泛，可大致分为民用和军用两类。民用无人机，特别是在消费级和工业级领域的应用，彰显了无人机技术的多样化和广泛的社会经济效益。消费级无人机主要面向个人或家庭用户，以其便携性、低成本和易操作性为主要特征，广泛用于娱乐拍摄等领域。工业级无人机则主要服务于企业和政府部门，应用于警务、消防、气象观测、农林植保、电力巡检、快递服务、专业摄影和广告制作等多个领域，展现了其在专业领域内的巨大价值和潜力。

面对民用无人机市场的多样化需求，系统成本和操作人员培训成为关键考量因素。低廉的系统综合成本和简化的操作流程不仅有助于降低操作门槛，还能促进无人机技术的普及和应用领域的拓展。因此，构建成熟的产业链、提供经济实惠的零部件和技术支持服务成为民用无人机技术发展的重要方向。

军用无人机[①]是一种现代战争中的关键信息化武器装备。随着自动化和信息化技术的进步以及无人机系统技术的发展，军用无人机已经成为提升战场空间感知、执行高风险任务、支持通信导航、进行电子战、压

---

① 汉密尔顿.军用无人机[M].南京：江苏凤凰少年儿童出版社，2017：17-66.

制敌方防空系统、攻击固定与移动目标以及加强联合作战能力的重要手段。这类无人机在现代军事冲突中发挥着十分重要的作用，不断扩展的应用范围和不断提升的作战性能，预示着军用无人机在未来战争中的角色将更加重要。尽管目前军用无人机还未能完全取代有人驾驶的战斗机和轰炸机，但它们与有人驾驶飞机的协同作战无疑将大幅提升军事攻防能力和作战的灵活性，引领战争形态的演变。在全球范围内，军用无人机的快速发展和广泛部署已成为现实。

军用无人机的技术水平之高、平台种类之多，使其成为军事科技发展的一个亮点。军用无人机不仅在军事领域发挥着越来越重要的作用，其所涵盖的导航和飞行控制技术也适用于许多民用领域的无人机。导航技术能够确保无人机准确完成飞行任务，而飞行控制技术能够保障无人机在执行任务过程中的稳定性和安全性，这两项技术的发展和应用对无人机的操作性能和作战效果有着直接的影响。军用无人机的导航和飞行控制技术的进步不仅提升了无人机执行复杂任务的能力，还为民用无人机技术的发展提供了重要的技术基础。民用无人机在农业、救援、监控和物流等领域的广泛应用，得益于这些先进技术的转化和应用。随着技术的不断进步和应用领域的不断拓展，无人机的作用和价值将在军事和民用领域得到进一步的体现和提升。

1.1.2　无人机的分类

无人机的分类体现了无人机多样化的设计、应用领域以及技术特点，我们可以从不同的角度对无人机进行分类。下面是根据用途、质量、飞行距离、技术特征以及特殊功能对无人机进行的综合分类概述，旨在全面反映无人机的多样性和应用范围。

1. 用途分类

无人机按照用途可以划分为军用无人机和民用无人机两大类。军用无人机主要用于侦察监视、目标定位、电子战、货物运输以及攻击等军事任务。民用无人机的应用范围更为广泛,涵盖了航拍、农业喷洒、物流配送、环境监测、应急救援等多个领域。

2.质量分类

无人机按照质量可分为微型无人机、小型无人机、中型无人机和大型无人机。微型无人机的质量通常不超过 2 kg,便于单人携带和操作,常用于近距离侦察和航拍。小型无人机的质量为 2 ~ 25 kg,适用于较复杂的任务,如农业喷洒和简单的物流配送。中型无人机的质量为 25 ~ 150 kg,能承担更重的载荷,执行更长时间的飞行任务。大型无人机的质量超过 150 kg,主要用于高端军事应用和大规模商业运输。

3.飞行距离分类

根据飞行距离,无人机可分为近距离无人机、短距离无人机、中距离无人机和长距离无人机。近距离无人机的飞行距离一般不超过 5 km,适合局部区域的监视和航拍。短距离无人机的飞行距离为 5 ~ 50 km,常用于较大范围的环境监测和农业喷洒。中距离无人机能够执行 50 ~ 200 km 范围内的任务,适用于更广泛的商业和军事应用。长距离无人机的飞行距离超过 200 km,主要用于跨区域物流、远程监视和战区侦察。

4.技术特征分类

根据技术特征,无人机可分为固定翼无人机、旋翼(包括单旋翼和多旋翼)无人机、垂直起降(VTOL)无人机以及混合型无人机等类型。固定翼无人机依靠机翼产生升力,具有较长的航程和较快的飞行速度,适合长距离任务和高速飞行环境。旋翼无人机,特别是多旋翼无人机,因其垂直起降能力和良好的悬停性能,广泛应用于航拍、监视和精确定位。垂直起降无人机结合了固定翼无人机和旋翼无人机的优点,能实现垂直起降和高效巡航,适用于复杂地形和多变任务环境。混合型无人机则通过集成不同的飞行模式和技术,以适应更多样化的应用需求。

5.特殊功能分类

除上述分类外，无人机还可以根据其搭载的特殊功能进行分类，如搭载高清摄像头的航拍无人机、具有热成像能力的搜索救援无人机、装配有喷洒设备的农业无人机以及配备有传感器和分析工具的环境监测无人机等。

总体而言，无人机的多元化分类反映了无人机广泛的应用领域和不断演进的技术特性。随着技术的进步和市场需求的变化，无人机的分类将更加细化，新的类型和用途也将不断涌现，推动无人机技术和应用的持续发展。

1.1.3　无人机系统的一般组成

无人机系统是一套复杂而精密的装备，适用于执行侦察、监视等多项任务。这一系统通常包括数架无人机、指挥控制站、链路地面站、链路地面天线车、信息处理车、维修检测车、无人机运输车、差分 GPS 地面站以及地面工装设备等关键组成部分。系统内部分为飞行器分系统、测控与信息传输分系统、任务设备分系统、信息处理分系统、综合保障分系统等多个子系统，确保了无人机能够高效、准确地完成既定任务。在这一体系中，任务设备直接安装在飞行器上，有时我们也将任务设备分系统视为飞行器分系统的一部分，以便更好地整合和利用各种资源，确保无人机系统的高效运作和任务执行的成功。

不同型号的无人机各分系统的组成不尽相同。典型无人机系统的组成如图 1-1 所示。

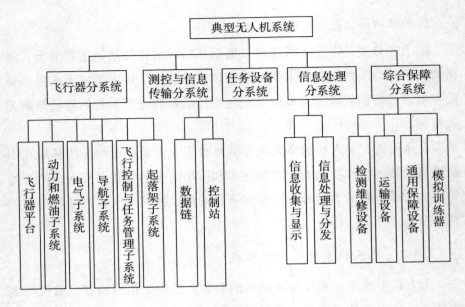

图 1-1　典型无人机系统的组成

　　无人机系统是一套集成了先进技术的装备，能够执行复杂的任务。这一系统的核心是飞行器分系统，飞行器分系统由飞行器平台、动力和燃油子系统、电气子系统、导航子系统、飞行控制与任务管理子系统、起落架子系统等关键组件构成。其中，动力和燃油子系统能够确保无人机拥有所需的推进力，电气子系统能够为其他设备提供电能，导航子系统和飞行控制与任务管理子系统则是确保无人机能够精确飞行和执行任务的大脑。

　　测控与信息传输分系统通过指挥控制站、视距数据链以及卫星中继数据链等设备，实现对无人机的控制和信息的实时传输。这一分系统是无人机能够接收指令和发送信息的关键。

　　任务设备分系统装备了光电侦察和数码相机等高科技装备，使无人机能在执行侦察、监视任务时获得高质量的图像和数据。

　　信息处理分系统包含信息收集与显示装置、信息处理与分发装置等，能够对收集到的信息进行处理和分析，确保快速准确地为决策提供支持。

综合保障分系统则提供了检测维修设备、运输设备、通用保障设备以及模拟训练器等，能够保障无人机系统的正常运行和人员训练。

无人机的机载设备，尤其是飞行器分系统中的电气子系统、导航子系统、飞行控制与任务管理子系统，以及测控与信息传输分系统中的相关机载设备，是无人机能够正常飞行并完成既定任务的技术核心。这些设备的高效运作是无人机执行任务效率和成功率的保障。

无人机的电气子系统、导航子系统以及飞行控制与任务管理子系统构成了无人机执行任务的关键技术支撑。电气子系统是整个无人机系统的"能源中心"，它通过将发动机的机械能转换为电能，确保各机载系统设备得到安全、稳定的电力供应。该系统的组成不仅包括主电源和备用电源，还包括电源控制盒、电源插座和开关、航行灯以及滤波电容等，这些元件共同工作，能够保障无人机在各种环境下的电力需求得到满足，确保任务的顺利进行。

导航子系统作为无人机的"方向与位置感知器"，负责测量无人机的位置、速度、姿态、航向及角速度等运动参数。这些参数对无人机的飞行控制及任务设备的正常工作至关重要。导航子系统与飞行控制系统的密切配合，保证了无人机能够准确地执行飞行任务。现代无人机普遍采用惯性导航（简称惯导）系统、卫星导航系统或两者的组合导航系统，这些高精度的导航设备为无人机提供了精确的导航能力，使无人机能够在复杂的环境中稳定飞行。

飞行控制与任务管理子系统是无人机"决策与执行"的核心，由传感器、飞行控制与任务管理计算机、伺服作动控制设备以及嵌入其中的自检测模块组成。传感器在这一子系统中起到了"感知器官"的作用，包括速率陀螺、垂直陀螺、磁力计、大气数据系统、组合导航系统和无线电高度表等。这些传感器能够捕捉无人机飞行中的各种细微变化，并将数据实时传输给飞行控制与任务管理计算机，确保无人机能够精确执行飞行指令，有效应对复杂多变的飞行环境。飞行控制与任务管理计算机作为系统的大脑，负责处理来自传感器的信息，并发出控制命令，指导伺服作动控制设备执行相应动作，调整无人机的飞行状态。伺服作动控制设备包括作动控制设备和舵机，是实现无人机操纵面变化的执行机构，类似于人的手脚，它能直接影响无人机的飞行态势。为了提高系统的可靠性，这些组件通常采用冗余设计，即通过使用多余的部件或器件来提高系统的容错能力。

电气子系统、导航子系统以及飞行控制与任务管理子系统的高度集成与协同工作，不仅提升了无人机的可靠性，还极大地扩展了无人机的应用范围。从精确执行侦察任务到高效完成监测任务，无人机依靠这些高科技子系统，能够在各种环境中稳定、高效地完成任务。

组合导航系统在无人机飞行控制中扮演着核心角色，能够提供飞行控制必需的全面导航参数，使一些无人机飞行控制系统以其作为主要传感器组件。此系统的高效集成能力允许大气数据系统、无线电高度表、磁传感器等充当辅助传感器，优化了传统配置，避免了速率陀螺、垂直陀螺等传感器的必要性。这种配置不仅简化了系统结构，还提高了飞行控制的精确度和可靠性，确保无人机能够在各种环境下进行精确的飞行操作，有效地提升了任务执行的效率和安全性。

1.2 飞行控制技术及其发展

飞行控制技术是无人机系统中的关键技术之一，它负责实现无人机的稳定飞行和精确操控。随着航空电子、自动控制、计算机技术等领域的快速发展，飞行控制技术也在不断进步和演化。从最初的基本自动稳定系统到今天的高度复杂、多功能集成控制系统，飞行控制技术的进步极大地提高了无人机的可靠性和自主性。这些技术的发展不仅支撑了无人机在军事领域的广泛应用，还促进了无人机在民用领域的快速扩展，使无人机能够在更多复杂环境中执行各种任务。

1.2.1 自动飞行控制系统

自动飞行控制系统的概念可以追溯至 19 世纪末期，当时的设计与现代自动飞行控制系统在基本概念上具有显著相似性，体现了早期人们在尝试飞行稳定性改进方面的努力。海诺姆·马克西姆的早期设计尽管未能在实践中实现，却奠定了自动飞行控制技术的理论基础。进入 20 世纪，尽管空气动力学、飞行力学以及自动控制理论还未完全成熟，但飞行任务的逐步复杂化以及对飞机性能日益增长的需求，催生了自动飞行控制技术的发展。特别是随着高速、远程以及高机动性飞机的研发，自动飞行控制技术不仅减轻了飞行员的操作负担，还提高了飞行的安全性和效率。

飞行控制技术的发展与无人机的兴起紧密相连。无人机的广泛应用对自动飞行控制系统提出了新要求，从而推动了飞行控制技术的快速发展。无人机的使用不局限于军事领域，其在民用领域的应用也日益增多，这进一步扩大了自动飞行控制技术的应用范围。随着技术的进步，自动飞行控制系统能够完成越来越复杂的飞行任务，如自动起飞、飞行导航、目标跟踪和自动降落等，极大提高了任务执行的精确性和可靠性。

自动飞行控制系统的核心在于它能够在不需要人为干预的情况下，实现飞行器的稳定和控制。这一系统的设计和实现涉及多个技术领域，包括传感器技术、航空电子、自动控制理论、计算机科学等。随着这些技术领域的发展，自动飞行控制系统的性能也在不断提升。现代自动飞行控制系统能够利用先进的传感器和计算机技术，实时监测和处理大量飞行数据，确保飞行器能够精确执行飞行任务。

无人机的飞行控制面临一定的挑战，由于缺乏飞行员在飞机上的直接操作和感知，所以必须依赖地面指控设备和链路设备进行远程操控。

这种操作模式在实时性和直观性上存在局限，容易因操作延时和误差而增加飞行事故的风险。特别是在长时段飞行或对飞行轨迹有精确控制需求的场景下，只依靠人工远程控制显得尤为困难。因此，自动飞行控制系统的引入，对于提高无人机的安全性和任务执行的能力至关重要。

自动飞行控制系统通过减少对人工操作的依赖，显著降低了飞行员的工作强度，并为无人机实现远距离、长时间飞行提供了技术支持。这一系统利用"反馈控制"原理，通过自动控制回路，实现飞行器的稳定和精确控制。这些控制回路包括舵回路、稳定回路和控制回路，每个回路针对不同的控制需求，发挥着特定的功能。

舵回路是自动飞行控制系统的基础，它利用舵机、放大器和反馈元件，可以有效改善舵机性能，是自动驾驶仪的核心组成部分。自动驾驶仪能够替代飞行员完成对飞行器的视觉、认知和操作任务，实现飞行器的自动控制。稳定回路通过自动驾驶仪与飞机的互动，能够维持飞机的姿态和航向稳定，确保飞机的角运动处于理想状态。控制回路能够将稳定回路与飞机的导航系统以及表示飞机空间位置的运动学环节相结合，形成一个更为复杂的系统。这一系统能够精确地控制飞机的飞行轨迹，实现包括沿预定航线巡航、编队飞行、自动起飞和精确着陆在内的多种飞行任务。

随着科技的发展，自动飞行控制系统不断融入先进的传感器技术、数据处理能力和人工智能算法，使无人机能够在更为复杂的环境下执行任务，同时提高飞行的精确性和安全性。自动飞行控制不仅能够完成基础的飞行操作，还能够根据任务需求进行动态调整，实现更加智能化的飞行控制策略。

1.2.2 飞机的增稳与飞行控制系统

自动飞行控制系统的核心任务在于保持飞机的姿态、航向和高度稳定，这些功能主要由自动驾驶仪完成。在 20 世纪 50 年代以前，自动驾驶仪的应用主要集中在运输机和轰炸机上。随着超声速飞机，尤其是战斗机的问世，飞机飞行的速度、高度以及过载的变化范围（飞行包线）显著增加，同时飞机自身的稳定性下降。在这种情况下，飞行员单靠人力操纵飞机变得更加困难。

为了解决这一问题，设计者引入了阻尼器。该装置由角速率陀螺、放大器和串联舵机等组成，主要目的是增加飞机的稳定性。阻尼器通过增大阻尼来改善飞机的动稳定性，但它仅仅解决了动稳定性问题，而提升静稳定性和操纵性则需要更进一步的技术。

随后，阻尼器逐渐演变为增稳系统和控制增稳系统。这些系统对飞机稳定性的提升和操纵性的改善起到了关键作用。与自动驾驶仪的工作模式不同，增稳系统和阻尼器从飞机起飞之后便开始运作，此时飞行员还是通过直接操纵飞机进行飞行。相反，自动驾驶仪只有在飞机进入平稳飞行状态，即飞机的姿态和航向稳定、杆力平衡时，才由飞行员接通。在自动驾驶仪接通后，飞行员主要通过操纵台上的旋钮或专用操纵手柄来控制飞机。

飞机的增稳系统引入角速率、侧滑角、纵向过载或迎角以及驾驶杆和脚蹬操纵量等反馈信号，不仅提升了飞机的静稳定性，还提升了动稳定性。这种系统的性能在很多方面优于传统的阻尼器，因此它被广泛应用于高性能战斗机中。增稳系统的引入在提高稳定性方面取得了显著成效，但这种提升稳定性的方式却在一定程度上牺牲了飞机对操纵指令的响应速度，从而影响了操纵性。

控制增稳系统的出现正是为了解决稳定性与操纵性之间的这种矛盾。该系统在增稳系统的基础上，通过加入驾驶杆的杆力传感器和指令模型提升杆力的灵敏度，优化操纵系统的杆力特性，并增加静操纵系数。这种设计允许飞机在保持稳定性的同时，能快速、准确地响应飞行员的操纵指令。

尽管自动驾驶仪在某些情况下可以不工作，但阻尼器、增稳系统以及控制增稳系统必须始终保持运行状态。这一点表明，尽管这些系统对于飞机的飞行控制至关重要，但它们并不完全符合自动飞行控制系统的定义。因此，通常情况下，这些系统并不直接归入自动飞行控制系统的范畴。

飞行控制系统这一概念，广义上包括了由自动驾驶仪组成的自动飞行控制系统以及阻尼器、增稳系统、控制增稳系统和速度控制系统等多个与飞行操作直接相关的自动控制系统。这些系统的共同目标是确保飞行的安全性、稳定性和效率，同时保证飞行员对飞机的精确操纵。通过这样的综合控制策略，飞行控制系统能够在各种飞行环境下，为飞机提供必要的支持，确保飞行任务的顺利完成。

无人机技术的快速发展使其应用领域不断拓宽，从军事侦察到民用探测，无人机都已成为十分重要的工具。与有人驾驶飞机不同，无人机的设计理念在于完全依靠地面控制站或预设程序进行操作，这消除了机械操纵装置的需要，也就不存在杆力传感器的应用。某些无人机地面站虽然配置了模拟有人机操纵的操纵杆和脚蹬，但向无人机传送的是操纵指令而非操纵力度，这标志着控制方式的根本变革。

大多数固定翼无人机设计为静稳定，这意味着它们在设计时就已经确保了足够的稳定性，不需要通过增稳系统来额外提升。飞行控制系统的设计重点在于通过恰当的控制算法和参数调整，确保无人机在动态和静态方面的性能满足要求。控制无人机飞行主要采用四种模式：程序控制、指令控制、姿态遥控和舵面遥控。这些模式通过地面站或遥控器向无人机发送指令，再由飞行控制计算机处理后控制舵机，实现对无人机飞行状态的精确操控。

飞行控制功能的另一个关键方面是其管理能力，即飞行控制与任务管理子系统。这一系统不仅能够实现飞行姿态和航向的稳定与控制，还能够根据预定航线或地面指令调整飞行轨迹，实现自主飞行。起飞和着陆控制也是其核心职责之一，这对于保障无人机的安全使用至关重要。

此外，飞行控制与任务管理子系统还需要对任务设备进行控制，并监测飞行控制系统及其他机载设备的工作状态，确保整个系统的稳定运行。

随着技术的进步，无人机的飞行控制系统正变得越来越复杂和高效。通过精确的飞行控制和管理，无人机能够完成更多复杂的任务，同时提高操作的安全性和可靠性。这些进步不仅推动了无人机技术的发展，还为无人机的未来应用开辟了新的道路，无论是在民用还是军事领域，无人机都将扮演着越来越重要的角色。

1.2.3　飞行控制技术的发展

飞行控制技术自莱特兄弟成功实现人类历史上首次有动力、可操纵飞行以来，已成为航空航天领域十分重要的高技术分支。这一技术的进步推动了从高性能无人机、载人飞船到空间探测器等一系列飞行器的发展，这些飞行器的共同之处在于能够被精确控制，满足特定的飞行要求。飞行控制技术确保了这些复杂系统能够在极端环境下执行精确任务，如在月球表面着陆或在深空中探测行星。

随着科技的不断进步，飞行控制系统也在不断发展，从早期的机械操纵到今天的电子飞行控制系统（fly-by-wire，FBW），每一次技术更新都极大地提高了飞行安全性与可靠性。现代飞行控制系统不仅依赖于先进的算法和计算机技术，还融合了人工智能和机器学习技术，使飞行器能够在没有人类直接干预的情况下，实现更加复杂的飞行任务和自主决策。

观察有人驾驶飞行控制技术的发展历程可以预见，飞行控制系统的未来发展将更加智能化、网络化、系统化。智能化意味着系统将具备更强的自主判断和处理能力，网络化指飞行器将在更广泛的信息网络中实现数据交换和协同作战，系统化则强调整个飞行控制系统的集成性和协同性。这些进步将为人类探索未知天际、实现更远的航天任务提供坚实的技术支撑，同时为民用领域带来更安全、高效的飞行解决方案。

自飞机问世以来，随着性能的不断提升和飞行任务的日益增多，人们对自动飞行控制的需求也越来越多。人们期望通过自动飞行控制设备代替驾驶员执行复杂的飞行任务，特别是在无人驾驶飞行器领域，自动飞行控制装置成为完成飞行任务的必需品。第二次世界大战期间，美国成功研制出电气式自动驾驶仪，开启了飞行控制技术的新篇章。这一装置以电动陀螺为敏感元件，利用电子管放大器和电动舵机实现飞行控制，标志着自动飞行控制技术的初步成熟。第二次世界大战后，随着飞机性能的飞速发展，自动驾驶仪逐渐融合更多功能，不仅能稳定飞机的姿态、航向和高度，还能按预定航迹控制飞机飞行。当飞机开始突破声障，飞行包线扩大、飞机的稳定性变差时，这就迫切需要在飞机上安装具有增稳功能的飞行控制系统，以提升飞机的稳定性和安全性。进入20世纪60年代，自动驾驶仪功能进一步扩展，演变为飞行自动控制系统（AFCS）。这一系统不仅能稳定和控制姿态、航向、飞行轨迹、速度等多项运动参数，还能实现复杂的飞行操作（如巡航转弯、爬升、下滑等）的自动控制。与此同时，随控布局飞行器（CCV）的设计理念应运而生，这种设计理念要求在飞机设计之初就综合考虑飞行控制系统的需求，以实现气动布局、机体结构、发动机设计与自动控制系统的完美协调。为了提升飞机的操控性，一些高性能飞机采取了放宽静稳定性的设计方法，即依靠飞行控制系统来保证飞机的稳定性。这种设计方法的实施使飞行控制系统成为飞机设计中不可或缺的一部分，其可靠性直接关系到飞机的安全飞行。为了提高飞行控制系统的可靠性，人们引入了余度技术和容错控制等先进技术，这些技术被统称为主动控制技术（ACT）。现代固定翼无人机由于飞行速度较慢、飞行高度不高且不追求高度机动性，因此多数情况下不采用放宽静稳定性的设计。这表明，飞行控制技术的应用和发展高度依赖于飞行器的性能要求和任务需求。无论是有人驾驶飞行器还是无人驾驶飞行器，飞行控制系统的发展都体现了技术的进步和对安全、高效飞行的追求。

数字计算机技术的飞速发展极大地推动了复杂而高效的控制功能的实现。进入 20 世纪 70 年代，数字式飞行控制系统和电传操纵系统的诞生，不仅提高了飞行控制系统的性能，还使飞行控制系统能够轻松与机上其他系统（如导航系统、火控系统等）进行交联。这一进步促使飞行控制系统演进为一个主动式系统，其中驾驶员的参与与自动控制功能相结合，共同完成飞行任务。到了 20 世纪 80 年代，飞行控制系统的发展迈向了航空综合化系统方向，标志着综合航空电子系统的兴起。军用飞机领域更是出现了综合航空电子火控系统，这种综合化技术将飞行控制系统、火力系统、导航系统、显示系统等多个子系统整合为一个协同工作的综合飞行控制与管理系统。这种系统的优势在于，它能更有效地完成飞行任务，提高任务执行的准确性和效率。航空技术的不断进步、集成工艺技术的提升以及电子与计算机技术的完善，共同为飞行控制系统的发展提供了坚实的基础。借助新型控制理论、先进的数字计算机技术以及高性能飞机结构布局的结合，未来将会出现更多具有高可靠性和强大综合能力的新型控制系统。

1.2.4　无人机飞行控制技术

无人机作为现代航空领域的重要组成部分，其独特的控制方式在无人机操作中占据核心地位。无人机操作不涉及驾驶员直接驾驶，其控制方式主要依赖于程序控制、遥控操作或两者的结合。程序控制允许无人机沿预设航线飞行，并根据输入的任务规划信息对搭载的任务载荷进行管理和控制。遥控操作要求无人机地面站与无人机之间保持连续或间歇性的通信，这种控制方式可以细分为指令控制、姿态遥控和舵面遥控等几种模式。在指令控制模式下，地面操控人员通过地面站发送具体的飞行指令（如爬升、下降或转向），无人机的飞行控制系统随后调整操纵面以稳定或改变飞行状态。在姿态遥控模式中，操控人员利用地面站的操控装置（如手柄或旋钮）发出对无人机姿态和航向的具体控制要求，机上的飞行控制系统通过相应的反馈回路实现这些控制目标。舵面遥控方式则允许操控人员直接操纵无人机的操纵面，类似于有人机驾驶员的操作方式，以便改变飞行状态。考虑到数据和指令传输的延迟问题，遥控操作方式在无人机的安全和精确操控方面存在挑战，通常仅在飞行控制系统故障或机体损伤情况下采用。在这些控制模式中，通信链路的可靠性和畅通性是实现有效控制的关键。无论是遥控操作还是程序控制，稳定的通信链路都是保证无人机按照操作人员的意图或预设程序安全飞行的前提。随着技术的进步，提高通信链路的稳定性和抗干扰能力成为研究的重点，以确保无论在何种环境下，无人机都能接收精确的控制指令并准确执行。

随着无人机应用范围的不断扩大及现代军事对集群作战需求的日益增长，人们对无人机的自主控制能力提出了更高的要求。这种自主性不仅涉及无人机对环境和态势的在线感知，还包括利用已确定的使命和原则，在飞行过程中进行动态决策并独立执行任务的能力。在这一领域，人工智能（AI）技术成为关键工具，其发展水平会直接影响自主控制能力的高低。人工智能在无人机自主控制中的应用，能够赋予无人机高度的自适应能力，使无人机能够在复杂多变的环境中做出快速而准确的判断，包括但不限于路径规划、目标识别、避障以及任务规划等方面。AI系统的高效运作依赖于获取的信息的完整性和准确性，这对于系统感知环境、解释情况并做出相应反应至关重要。面对不确定性条件，自主控制系统的挑战在于实时或近乎实时解决一系列最优化问题，而且要求在无人为干预的情况下完成。这意味着无人机需要具备高度的智能化处理能力，能够自主分析情况，制订并执行解决方案。随着AI技术在学习算法、数据处理和模式识别等方面的进步，无人机的自主控制能力将得到显著提升。

在自动控制领域，面对不确定性的自动决策标志着从基础的内回路控制、自动驾驶仪技术演进到更高层次的飞行管理、多飞行器管理乃至任务管理的逻辑层次上的一大进步。这种进展不仅在技术层面上实现了从连续反应的控制到离散事件驱动决策的转变，还在时间尺度和技术层次上实现了一种自然的分割与协调。为了应对这种大系统问题，采用层阶分解的控制结构与技术成为当前的主流选择。在这样的技术演进背景下，"人在回路"作为一种将遥控操作与自主控制相结合的方法，主要目的是弥补无人机在线自主决策能力的不足。面对多变的环境条件，当任务规划和在线决策的复杂度超出机载人工智能的处理能力时，运用经验丰富的人类操作员的适应性、分析力和决策力成为解决问题的有效途径。此方法通过将人的智能直接集成到飞行控制的宏观回路中，在执行关键任务分配、目标精确识别及武器投放等环节，能够显著降低任务执行风险和成本，同时提升无人机系统的整体性能。这种方式在保证操作灵活性和响应速度的同时，能利用人类的高级认知能力进行复杂决策和应急处理，充分发挥人与机器各自的优势，实现更高效、更安全的任务执行。

1.3 导航的概念及发展过程

导航[①]是确定物体在空间中位置与方向的科学性，其历史悠久，技术日新月异。从古代星际导航的原始手段，到现代利用卫星精确定位的导航系统，导航技术的发展反映了人类对空间知识掌握的深化和对移动效率追求的不断提升。随着时间的推移，导航技术已经从简单的地图和罗盘，发展到复杂的全球定位系统（GPS）、惯性导航系统（INS）和多模融合导航技术，极大地扩展了人类活动的范围，提高了定位的准确性和效率，对于军事、航海、航空乃至日常生活中的位置定位和路径规划都有着重要的意义。

---

① 肖华，俞暄. 导航 [M]. 苏州：苏州大学出版社，2012：32-94.

1.3.1 导航的基本概念

导航是一个关键的技术领域，它涵盖了一系列复杂的过程和方法，用于确保各种类型的运动物体能够从当前位置准确无误地移动到目标位置。这些运动物体，无论是飞机、舰船、导弹、太空飞行器还是各式各样的车辆，都被统称为载体。根据应用的不同场景，导航可细分为航空导航、航海导航、航天导航、陆上导航以及车辆导航等多个子领域，每个领域都有其独特的技术和方法，以满足特定的导航需求。

导航系统是一套完整的设备组合，专门用来完成导航任务，即确保载体能够依据预定航线进行移动。在航空导航领域，导航系统不仅包含安装在飞机上的设备，还包括地面或其他飞机上的辅助设备，这些设备共同工作以确定飞机的位置，并确保飞机沿着既定航线飞行。这些系统通过集成各种技术（如无线电导航、卫星定位技术、惯性导航系统等），能够为飞行提供精确的导航信息。

无人机导航是一个至关重要的过程，能够确保无人机从起点安全、准确地移动到指定的目的地或沿预定航线飞行。这一过程不仅要求准确了解起始点和目的地的具体位置，还需实时掌握无人机当前的地理位置，即即时位置。这种实时位置信息是控制无人机向下一目标点移动的关键。在无人机的飞行过程中，导航系统的主要任务是持续确定无人机在空中的精确位置。这一点非常关键，因为只有通过实时更新无人机的位置信息，才能确保无人机沿着最优路径飞行，有效避免可能的障碍物，同时准时到达目的地。为了达到这一目的，导航系统通常利用各种技术手段，包括全球定位系统、惯性导航系统以及其他传感器技术，以此来获得高精度的位置和速度信息。这些技术的集成使无人机能够在没有人为直接控制的情况下，自主执行复杂的航线规划和飞行任务。导航系统不仅为无人机提供了定位服务，还支持航迹规划、速度控制、高度调整等功能，确保无人机能够应对各种飞行环境和突发状况。

导航方法的不断改进为飞行器提供了精确定位和航线规划的多样化

选择，其中几何定位、航位推算和匹配导航是三种基本且广泛使用的技术，每种方法都有其独特的应用场景和优势，共同支撑着现代的航空航天、海上航行以及地面交通的导航需求。几何定位技术能够测量飞行器与一个或多个已知基准点之间的相对位置，通过几何学原理计算出飞行器的确切位置。这种方法的实施通常依赖于全球定位系统等卫星导航系统，通过接收来自多颗卫星的信号，计算出飞行器在三维空间中的位置。几何定位技术的优势在于其高精度和全球范围内的普遍适用性，是现代导航中常用的技术之一。航位推算是一种更为传统的导航方法，它根据飞行器从一个已知位置出发后的速度、方向和时间等参数，推算当前位置。这种方法的精确度依赖于初始位置的准确性和过程中测量参数的精度。航位推算可能会随着时间推移而累积误差，但在 GPS 信号不可用的环境下（如深海或地下设施内），它仍然是一种重要的导航手段。匹配导航技术通过对比当前环境的测量信息（如图像、地形、地磁场或重力场）与预先存储的相应信息来确定飞行器的位置。这种方法的一个经典实例是人工目视导航，飞行员通过观察地面特征与地图进行匹配，确定位置。随着技术的进步，电子和自动化的匹配导航系统已经能够处理复杂的数据，提供更为精确的导航信息，特别是在 GPS 受限或不可用的环境中。

导航系统在现代航空领域扮演着至关重要的角色，尤其是在确保飞行安全和精度方面。这些系统按照其与飞行操作的交互方式，可以分为两种基本工作状态：指示状态和自动导航状态。在指示状态下，导航系统负责提供关键的导航信息（如位置、速度、航向等），飞行员根据这些信息来手动控制飞机，确保飞机沿预定航线飞行至目的地。在这种模式下，飞行员的技能和经验至关重要，因为他们需要解读导航信息并做出相应的操控决策。这种状态常见于有人驾驶的飞机中，其中导航系统起到辅助飞行员进行有效导航的作用。自动导航状态则标志着飞行控制系统的进一步集成，其中导航系统不仅能提供导航信息，还能直接将这些信息传输给飞行控制系统（或自动驾驶仪）。在这种状态下，飞行控制系统根据接收的导航信息自动控制飞行器，无须飞行员的直接干预。这种模式在无人机或其他自动化飞行平台中比较常见，可以使飞行任务在没有人类操作员直接参与的情况下自动完成。自动导航状态有效地将导航系统转化为高精度的测量设备，确保飞行器精确地沿预定航线飞行并准确到达目的地。这两种工作状态展现了导航系统在不同飞行模式中的灵活性和多功能性。指示状态强调了飞行员与机器的协作，依赖于人的判断和操作。相比之下，自动导航状态突出了技术的自动化和智能化，减少了人为错误的可能性，提高了飞行操作的效率和安全性。随着技术的不断进步和自动化水平的提升，未来飞行任务将更多地依赖于自动导航状态，以实现更高效、更安全的航空运营。

在实际应用中，我们有必要把导航和制导加以区分。一般来说，制导系统包括引导部分和控制部分，其功能包括：第一，建立所需航程的参数（如预定速度、航向、预定位置等）作为飞行的参考基准；第二，测量载体的实际运动，确定载体的位置、速度、航向等参数，进而确定载体实际运动与飞行参考基准之间的偏差；第三，产生校正指令并传输给载体的控制系统，相应地改变载体的飞行，以消除（或减小）实际运动状态与参考基准之间的偏差。

在现代航空与航天领域，制导系统与导航系统的功能在许多方面是相似的，尤其是在自动导航状态下的应用。这两种系统都能够确保飞行器沿着预定路径准确移动，无论是在大气层内还是在太空中。然而，根据飞行器的操作模式和控制需求，这些系统通常有着不同的术语。

对于无人操纵的飞行器（如弹道导弹、有翼导弹和运载火箭等），上述的自动导航系统通常被称为制导系统，这些制导系统负责整个飞行过程中的自动控制，使从发射到目标精准打击或达到预定轨道都无须人为干预。制导系统的设计和实现涉及高度复杂的技术，以确保飞行任务的精确性和成功率。对于有人操纵的载体（如各种有人飞机），其导航设备无论是工作在指示状态还是自动导航状态，都统称为导航系统。这些系统能够提供飞行员或自动飞行控制系统所需的导航信息，帮助确保飞行安全和航线的准确性。值得注意的是，尽管无人机是一种无人操纵的飞行器，但按照习惯，其导航设备仍然被称为导航系统，而不是制导系统。这一分类强调了无人机导航系统的特殊功能，即实现自主起降和自主飞行。无人机的导航系统是无人机自主操作能力的核心，确保了无人机能够独立完成复杂的飞行任务（如侦察、监视、货物运输等），而无须地面控制人员的直接操控。这种区分反映了不同飞行器控制系统的应用领域和技术特点，同时体现了在自动化和智能化飞行控制领域的不断发展和创新。随着技术的进步，导航与制导系统将继续发展，会提供更高效、更精确的飞行控制方案。

在现代航空技术中，导航系统不仅提供位置和航线信息，还与飞行控制系统有着密切联系，特别是在制导或导引过程中尤为重要。制导或导引在有人机和无人机的飞行控制中扮演了关键角色，能够根据导航系统测得的运动参数，生成并输送指令给飞行控制系统的内部回路，从而确保飞机沿预定航线飞向预定位置。这一过程中涉及的算法被称为制导律或导引律，它是飞行控制的核心之一，能够确保飞行器准确、安全地完成飞行任务。尽管无人机与有人机在导航系统的原理上保持一致，但在具体组成和功能实现上，两者存在明显差异。有人机的导航系统在设计时考虑到了飞行员的直接参与，因此有人机装备有专为飞行员设计的操作和显示装置，通常称为导航系统的控制显示单元。这些设备使飞行员能够实时获取导航信息，及时做出飞行决策和控制。相比之下，无人机的导航系统不需要直接面向操作者的显示和控制装置，因为无人机的控制是通过地面站远程完成的。在这种配置中，导航系统成为飞行控制系统的一个关键传感器，能够将位置、速度等导航信息通过数据总线直接发送给飞行控制计算机。这种设计实现了对无人机飞行状态的精确控制，使无人机能够自主执行起飞、飞行和降落等操作。无人机的导航信息还可以通过数据链路发送到地面站，让地面操控人员能够远程监控无人机的飞行状态，并在必要时进行干预，如初始对准、选择导航模式等操作。这种设计不仅增强了无人机的操作灵活性和任务适应性，还提高了飞行安全性。从更广泛的视角来看，无论是有人机还是无人机，其导航系统的设计和实现都体现了现代航空技术的高度复杂性和先进性。制导和导引技术的应用，特别是制导律和导引律的开发，是确保飞行器能够准确执行飞行任务的关键。这些技术的发展不断推动着航空领域的创新，使飞行器能够在更复杂的环境中安全、高效地操作，满足日益增长的航空任务需求。

1.3.2 导航技术的发展

导航技术的发展经历了从最初的目视导航到现代的高科技导航系统的演变过程。历史上，指南针作为最早的导航仪器，标志着人类对方向感的基本掌握，为航海和探险活动提供了重要工具。随着科技的进步，20 世纪 20 年代，飞机导航开始借助简单的仪表，此时的定位虽然还需要依靠人工计算，但已是重要的进步。20 世纪 30 年代，无线电导航技术的出现，特别是中波四航道无线电信标和无线电罗盘的使用，为导航技术带来了革命性的变化。这种技术使定位更为精确，飞行更为安全。20 世纪 40 年代初，伏尔导航系统的研制，即甚高频全向方位导航系统的引入，进一步提升了近程导航的精度和可靠性。20 世纪 50 年代，以牛顿力学定律为基础设计的惯性导航系统开始用于无人机导航，标志着导航系统向自主、无须外部信号的方向迈进。此外，多普勒导航系统利用多普勒效应进行无线电导航，为机载系统增添了新的导航手段。20 世纪 60 年代，双曲线无线电导航系统（如罗兰 C 导航系统、塔康导航系统的研制和奥米加导航系统的开发）极大地扩展了导航系统的作用距离和精度，这些系统的引入为长距离航行提供了可靠的导航保障。20 世纪 70 年代，卫星导航系统的研制开启了导航技术的新纪元，全球定位系统的逐步发展在全球范围内提供了高精度和全天候的定位、导航以及时间测量服务，极大地推动了导航技术的发展和应用。为了发挥不同导航系统的优势，组合导航系统的概念应运而生。这种系统集成了多种导航技术，以惯性导航系统为核心，辅以卫星导航、多普勒导航等技术，实现了更高的导航精度和可靠性。组合导航系统体现了导航技术向综合化、高精度化发展的趋势。20 世纪 80 年代，飞行管理系统和飞行综合控制系统的出现，将飞行控制和导航系统紧密结合，能够根据任务需求和环境变化自动计算最优飞行路径。这种系统的发展不仅提高了飞行效率，还对导航系统的准确性和可靠性提出了更高的要求，推动了导航技术向更高级别的综合化和容错化发展。

国际上，各种先进的组合导航系统已经得到广泛的装机应用，这些系统包括天文 / 惯性组合导航系统、VOR/DME/ 惯性组合导航系统、多普勒 / 惯性组合导航系统以及罗兰 / 惯性组合导航系统等。这些组合导航系统通过整合不同的导航技术，能够提高导航的精确性和可靠性，特别是在极端或复杂的环境条件下。全球定位系统的发展是导航技术的一个重大突破，它以其覆盖全球范围、高精度和实时三维定位的能力，成为导航领域的重要技术。结合惯性导航系统，全球定位系统能够提供更加稳定、准确的导航信息，这种组合导航系统长时间以来一直被视为比较理想的导航解决方案。2020 年，中国的北斗卫星导航系统已全面建成并投入使用，标志着中国在全球导航系统领域取得重要成就。北斗系统不仅为中国的飞机提供了高精度的导航服务，还为全球用户提供了更多的选择和便利。北斗系统的成功运行，体现了中国在高科技领域的自主创新能力和全球服务能力。

计算机视觉技术的快速进步为无人机导航提供了新的可能性，特别是在小型无人机领域，视觉导航技术正逐渐成为一种重要的导航手段。通过模拟人类的视觉功能，利用摄像头捕获的图像信息，并借助计算机处理这些信息，视觉导航系统能够从复杂的图像中提取有用的导航参数。

这种技术能够识别和理解客观事物的图像，获取与飞行器位置和运动状态相关的关键信息。视觉导航的核心在于分析飞行器相对于参照物或目标的位置和运动状态。当参照物的位置已知时，这项技术可以准确地计算出飞行器的具体位置。这一特性使视觉导航在卫星导航不可用的环境下成为一种十分有效的替代方案，尤其是在抑制由惯性导航系统积累的定位误差方面显示出独特优势。视觉导航的精度受到多种因素的影响，其中飞行器与参照物之间的距离是一个关键因素。通常情况下，距离越近，导航精度越高。这一属性特别适用于无人机在执行自动着陆或着舰任务时的需求，因为在这些操作过程中，无人机与其着陆平台或舰船的距离较近，能够极大提高着陆精度和安全性。随着技术的不断发展和完善，视觉导航逐渐成为无人机领域的一项重要技术，不仅增强了无人机在特定环境下的自主性和灵活性，还为无人机的广泛应用开辟了新的路径。从复杂城市环境的导航到精确着陆，视觉导航正展现出其在未来无人机技术中的关键作用。

第 2 章   传感器技术与无人机导航

本章深入探讨了传感器技术及其在无人机导航系统中的关键作用。首先，本章介绍了陀螺仪的基础原理及不同类型，这是理解无人机定向和稳定性的基石。其次，本章探讨了加速度计的工作原理和分类，这些设备对于测量和控制无人机的动态行为至关重要。再次，本章还详细讨论了大气数据系统，强调了它在提供飞行所需环境数据方面的作用，这对于无人机的性能和安全飞行至关重要。最后，本章介绍了其他传感器在无人机导航中的重要性，展示了它们如何协同工作，如何为无人机提供准确的位置、速度和方向信息。这一章节为读者提供了全面的理解，展示了各种传感器技术是如何使无人机导航成为可能，并确保无人机操作的准确性和安全性。

2.1   陀螺仪的基础原理和类型

在无人机导航技术的核心中，陀螺仪扮演着十分重要的角色。本节将探索陀螺仪的基础原理，即如何利用旋转物体的角动量来维持方向的稳定。陀螺仪能够精确测量和控制无人机的姿态，是确保飞行稳定性和导航精度的关键。本节还将介绍陀螺仪的多种类型，了解这些基础知识，对于理解陀螺仪在无人机导航系统中的重要性至关重要。通过本节内容，读者将获得对陀螺仪如何提供无人机稳定控制和精确导航的深入理解。

2.1.1 陀螺仪的基础原理

1. 陀螺仪的概念及分类

陀螺仪是一种精密的传感器，可以感知载体在惯性空间中的角运动。从最初问世至今，陀螺仪经历了超过一个世纪的发展历程。起初，陀螺仪由一个高速旋转的刚体转子构成，该转子支承在一个框架上，依靠稳定的旋转状态来维持方向。随着时间的推移，科技的进步使各种可以感知角运动的物理效应被陆续发现，这些发现极大地扩展了陀螺仪的概念和应用范围。

现代的陀螺仪可以分为两大类别。一种是建立在经典力学基础上的传统陀螺仪，包括刚体转子陀螺仪、流体转子陀螺仪和振动陀螺仪等。这些陀螺仪利用物理转动或振动的原理，通过精确测量运动状态来感知和记录角速度或角位移，为导航系统提供关键的稳定性和方向信息。另一类则是以近代物理学原理为基础的新型陀螺仪，如激光陀螺仪、光纤陀螺仪、核磁共振陀螺仪和超导陀螺仪等。这些陀螺仪运用了光学、电磁学和量子物理等现代科学的成果，能够在没有物理转子的情况下实现角速度的测量，提供与传统陀螺仪相同甚至更高的精度和稳定性。微机械陀螺仪是一种特殊的类别，它是利用新材料、新技术和新工艺制造的，虽然按照制造技术可归类为新型陀螺仪，但在工作原理上与利用科里奥利效应制造的传统陀螺仪有着密切的联系。微机械陀螺仪的出现不仅标志着陀螺仪技术的一大进步，还因其体积小、成本低和功耗低等优点，在消费电子、车辆导航等领域得到了广泛应用。

在传统陀螺仪中，刚体转子陀螺仪利用高速旋转的刚体转子，通过特定的支承方式使自转轴具备转动自由度。刚体转子陀螺仪可根据支承轴的数量或转子相对于陀螺仪壳体的转动自由度数目来分类。单自由度陀螺仪和双自由度（或称两自由度）陀螺仪依据支承轴的数量来区分，二自由度陀螺仪和三自由度陀螺仪则根据转子的转动自由度来分类。这一分类体系有助于明确各类型陀螺仪的功能和适用场景。转子支承方式的不同进一步细分了刚体转子陀螺仪的种类，包括框架陀螺仪、液浮陀螺仪、气浮陀螺仪、挠性陀螺仪和静电陀螺仪等。这些支承方式影响着陀螺仪的精度、稳定性和应用范围。例如，液浮陀螺仪和气浮陀螺仪因减少了机械接触，从而降低了摩擦，提高了测量精度和可靠性；挠性陀螺仪和静电陀螺仪则通过采用非传统的支承机制，实现了高精度和长期稳定性。每种支承方式的设计和应用都体现了对特定使用条件和性能要求的深入理解。随着技术的发展，这些不同类型的刚体转子陀螺仪在航空航天、军事、汽车等多个领域发挥着至关重要的作用，确保了各种系统的导航和控制精确、可靠。

在刚体转子陀螺仪的应用领域中，框架陀螺仪因其结构的简单性和实用性而被广泛采用，尤其是在航空陀螺仪表、飞行控制系统和战术导弹制导系统中。然而，框架轴上的轴承摩擦力矩限制了框架陀螺仪的精度，这在要求极高精度的惯性导航系统中成为一个显著的短板。为了解决这一问题，技术发展向提高陀螺仪精度的方向迈进，液浮陀螺仪便是其中的一个创新成果。液浮陀螺仪通过将陀螺仪的框架设计为薄壁密封的浮子，并利用浮液的浮力来支承，大大减少了机械接触引起的摩擦，从而提高了精度。除了液浮陀螺仪，技术进步还体现在采用特殊支承方法以去除或减小框架对精度的影响上。例如，动压气浮陀螺仪利用转子高速旋转产生的气体动压力支承转子，这种方法有效减少了机械接触导致的损失和误差，提升了操作的稳定性和精度；挠性陀螺仪通过挠性接头支承转子，这种设计同样减少了机械摩擦，提高了测量的精度和可靠性；静电陀螺仪则采用了静电悬浮技术，在真空腔内通过静电力支承转子，这种高端技术使静电陀螺仪在刚体转子陀螺仪中达到了较高的精度，但相应的成本也远高于其他类型，因此它主要应用于对精度要求极高的领域，如核潜艇和远程飞机的导航系统。

虽然陀螺仪在惯性导航系统和飞行控制系统中都扮演着关键角色，但根据系统的不同需求，两个系统在陀螺仪的选型和性能上存在显著的差异。飞行控制系统通常采用传统陀螺仪，这类陀螺仪以其稳定的性能和成熟的技术基础满足了基本的飞行控制需求。相比之下，现代惯性导航系统倾向于使用光学陀螺仪（如光纤陀螺仪或激光陀螺仪），因为这些高精度的陀螺仪能够提供更精确的定位和导航信息，特别是在长时间或复杂环境下的应用。在那些需要采用传统陀螺仪的惯性导航系统中，陀螺仪的性能要求远高于飞行控制系统使用的陀螺仪。这是因为惯性导航系统依赖于陀螺仪提供的精确角速度和加速度信息来计算位置，任何误差都会随时间累积，从而影响整个系统的导航精度。出于对成本和体积的考虑，尤其是在民用小型无人机领域，微机械陀螺仪和微机械加速度计成为首选。这些微型传感器不仅大幅度减轻了无人机的负担，还以其成本效益高的优势，满足了低成本运营的需求。通过这种方式，即便是预算有限的项目也能够实现相对精确的飞行控制和导航功能，推动了无人机技术的普及和应用扩展。

按测量的角运动参数的不同，陀螺仪可分为速率陀螺仪和位置陀螺仪。

速率陀螺仪在飞行器的控制系统中的主要功能是测量飞行器沿机体纵轴和横轴方向的角速率，并将这些数据转换成电压信号输出。尽管速率陀螺仪在飞行控制系统和惯性导航系统中都有运用，但它们的性能要求存在显著的差异，技术手段也各不相同。在飞行控制系统中，速率陀螺仪需要具备高灵敏度和快速响应的特性，以确保对飞行器姿态变化的及时捕捉和准确反馈。这意味着飞行控制系统的速率陀螺仪在设计上应更加精细，需要采用先进的传感技术和信号处理算法，以应对复杂多变的飞行环境。相比之下，惯性导航系统中的速率陀螺仪更注重长时间的稳定性和精度,以支持飞行器在长距离航行中的导航和定位。因此,惯性导航系统的速率陀螺仪通常采用更加稳定、可靠的传感器和校准方法,以确保输出的角速率数据在长时间内保持准确和可靠。

速率陀螺仪的类型多种多样,常见的有扭杆式陀螺仪、反馈式陀螺仪和积分陀螺仪。近年来,随着光纤陀螺仪技术的不断成熟和成本的显著下降,光纤陀螺仪开始在无人机飞行控制系统中得到广泛应用。与传统的速率陀螺相比,光纤陀螺仪具有更高的精度和稳定性,能够提供更可靠的角速率测量数据,从而提升飞行器的姿态控制性能。光纤陀螺仪利用光纤的干涉效应来测量转动速度,具有较长的使用寿命和更低的维护成本,因此在无人机等领域的应用前景十分广阔。

根据陀螺仪的精度,我们常把随机漂移率达到 $0.015°/h$ 的陀螺仪称为惯性级陀螺仪。一般来说,惯性导航系统中的陀螺仪应至少达到惯性级陀螺仪的要求。

位置陀螺仪主要用于测量敏感的角位置或角位移,通过测量角度的相对变化来提供定位信息,在惯性导航系统中发挥着十分重要的作用。

速率陀螺仪和位置陀螺仪的结合应用能够为导航系统提供全面的姿态和位置信息,从而确保飞行器在空中的准确导航和稳定飞行。

2.传统框架陀螺仪的基本组成

(1)两自由度陀螺仪。两自由度陀螺仪是指自转轴具有两个转动自由度的陀螺仪,其基本组成如图 2-1 所示,由内环和外环组成的环架装置使陀螺自转轴获得两个转动自由度。

陀螺转子是一种复杂的机械结构,其核心构件包括自转轴、内环和外环。这三个部分通过轴承相互连接,构成了一个稳定的整体。自转轴位于内环的中央,通过一对轴承固定在内环中。内环通过另一对轴承连接在外环上,使内、外环之间形成了一种层级关系。外环轴通过轴承固定在基座或仪表壳体上,为整个结构提供了稳固的支撑。这个结构的特点在于轴线的相互垂直交叉形成了一个称为环架支点的特殊点。这种设计使陀螺转子具有多个自由度的旋转能力。电机驱动转子绕自转轴快速旋转，同时内环可绕着内环轴自由转动，而内环和外环的连接又使转子在外环轴上也能进行旋转。这样，转子就同时具备了绕自转轴、内环轴和外环轴三个轴线进行旋转的自由度。

在常见的陀螺仪中，内环和外环一般被加工成如图 2-2 所示的结构，图示形状的内环被称为陀螺房。

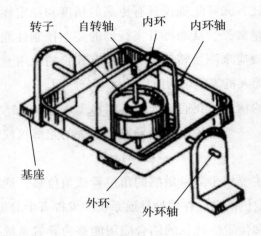

图 2-1 两自由度陀螺仪的基本组成

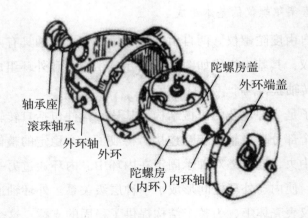

图 2-2 两自由度陀螺仪常见的内、外环结构

（2）单自由度陀螺仪。单自由度陀螺仪是一种简化的陀螺仪结构，其核心构件包括自转轴和内环。转子通过轴承安装在自转轴上，内环则通过另一对轴承连接在基座或仪表壳体上。这种设计使转子具有绕自转轴和内环轴两个轴线进行旋转的自由度。自转轴也可以绕着内环轴进行旋转，但只有一个转动自由度。单自由度陀螺仪的基本结构如图 2-3 所示。

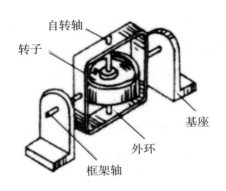

图 2-3　单自由度陀螺仪的基本结构

3. 陀螺力矩

在刚体转子陀螺仪中，转子高速旋转会产生角动量，角动量的方向沿转子自转轴，与旋转方向一致。动坐标系与陀螺转子内环相固连，使动坐标轴与转子及内环的惯性主轴重合。根据角动量定理，当外界施加的力矩在垂直于转子自转轴和内环轴方向上有分量时，内环将带动转子绕内环轴一起转动，外力矩 M、陀螺仪角动量 H 及转动角速度 ω 之间的关系为

$$\omega \times H = M \qquad (2-1)$$

陀螺仪的运动中存在一种特殊的现象，即转动方向与外力矩的作用方向垂直，而非一致，这种现象被称为陀螺仪的进动。陀螺仪进动可以用式（2-1）以矢量形式表示，这个方程式描述了陀螺仪的进动性。值

得注意的是，陀螺仪的进动是瞬间实现的，即在外力矩作用于陀螺仪的瞬间，就会立即出现进动。这意味着陀螺仪角动量矢量会立刻出现变化率，并使相对惯性空间的方向发生改变。

根据作用与反作用的原理，当外界对陀螺仪施加力矩使其进动时，陀螺仪会产生相等大小但方向相反的反作用力矩，即陀螺力矩。这个反作用力矩作用在施加外力矩的物体上，与外力矩方向相反。式（2-2）提供了描述陀螺力矩与角动量以及转子进动角速度之间关系的表达式。根据该式，陀螺力矩与角动量的乘积与转子进动角速度之积成正比，比例系数为陀螺仪的进动角速度。这意味着陀螺力矩的大小与角动量之间存在一种关联，转子的进动角速度则是这种关联的中介。

$$M_g = H \times \omega \tag{2-2}$$

陀螺力矩是转子内所有质点的科氏惯性力所形成的科氏惯性力矩。

图 2-4 为陀螺仪进动过程中转子内质点在不同位置科氏加速度的变化（该图是从自转轴 z 的正方向俯视陀螺仪）。取内环坐标系 z 轴为自转轴，x 轴为内环轴，y 轴与 x 轴和 z 轴构成右手坐标系，初始状态下，y 轴与外环轴重合。设转子绕自转轴 z 的正方向以角速度 ω 相对内环转动，即角动量方向为 z 轴正方向。沿 x 轴正方向对陀螺仪施加外力矩 M，在外力矩 M 作用下，转子以角速度 ω_y 进动，由式（2-1）可知，转子的进动方向为 y 轴正方向。转子内同一个质点的线速度 v 在转动过程中的大小是相同的，但方向随转动而改变。科氏加速度 $a_c = 2\omega_y \times v$，方向垂直于进动角速度和相对运动线速度。当质点转到 y 轴正方向区域（第一、四象限）时，科氏加速度指向 z 轴正方向，科氏力指向 z 轴负方向；当质点转到 x 轴坐标值为 0 时，科氏加速度和科氏力的幅值最大；当质点转到 y 轴负向区域（第二、三象限）时，科氏加速度指向 z 轴负方向，科氏力指向 z 轴正方向；质点转到 x 轴坐标值为 0 时，科氏加速度和科氏力的幅值最大。虽然同一个质点在不同位置时科氏力的大小是不同的，方向也

会发生改变，但在同一位置，对应的科氏力的大小和方向是相同的。转子所有质点的科氏力构成了绕 x 轴负方向的力矩，大小与外力矩相同，方向与外力矩相反，这就是陀螺力矩。

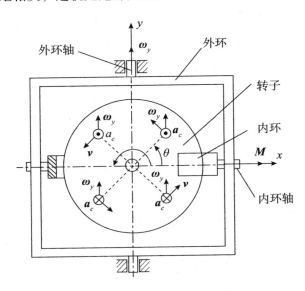

图 2-4　陀螺仪转子内质点的科氏加速度

引入陀螺力矩后，陀螺仪内环轴或外环轴上的合力矩可以通过陀螺力矩在该轴上的分量与作用于该轴的外力矩之和来描述。在正常情况下，陀螺仪内环轴或外环轴上的合力矩应为零。这意味着，陀螺仪绕内环轴或外环轴要么保持静止，要么以恒定的角速度转动。当陀螺力矩和外力矩平衡时，合力矩为零，这表示系统处于平衡状态，陀螺仪不会产生额外的角加速度。因此，陀螺仪在内环轴或外环轴周围的转动要么是静止的（即保持在一个固定的位置），要么是以恒定的角速度进行转动，这取决于外界施加的外力矩和陀螺力矩的平衡状态。

2.1.2　两自由度陀螺仪

1. 两自由度陀螺仪的基本特性

当两自由度陀螺仪的转子没有自转时，其运动表现与一般刚体没有区别。然而，当转子高速自转，即具有较大的角动量时，其运动表现与一般刚体大不相同。此时，两自由度陀螺仪的基本特性主要体现在进动性和稳定性上。

（1）进动性。两自由度陀螺仪在受到外力矩作用时会呈现出特殊的运动行为。如果外力矩绕内环轴作用，陀螺仪将绕外环轴转动［如图2-5（a）］；反之，如果外力矩绕外环轴作用，陀螺仪将绕内环轴转动［如图2-5（b）］。这种运动的特点在于陀螺仪的转动方向与外力矩的作用方向垂直。这种转动被称为进动，转动角速度被称为进动角速度，进行进动的轴被称为进动轴。要判断陀螺仪进动的方向，我们可以利用角动量和外力矩之间的关系。具体来说，角动量会沿着最短路径转向外力矩的方向，从而确定进动的方向。简单来说，就是通过右手规则，将右手的四指沿着角动量的方向握紧，拇指所指的方向就是进动角速度的方向。这种特殊的运动现象在图2-6中有所说明。进动角速度的方向可以通过右手定则简单确定，这种规则可以帮助我们理解陀螺仪的运动特性。进动轴的确定也是根据这一规则，使我们能够准确地描述陀螺仪在外力作用下的运动行为。

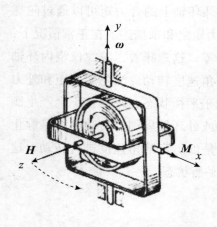
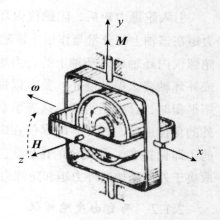

（a）外力矩绕内环轴作用　　　　　　（b）外力矩绕外环轴作用

图2-5　两自由度陀螺仪在外力矩作用下的进动

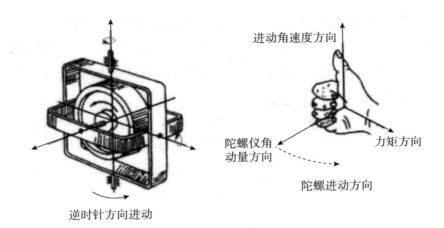

陀螺仪角
动量方向

进动角速度方向

力矩方向

陀螺进动方向

逆时针方向进动

图 2-6　陀螺仪进动方向的判定

由式（2-1）可知，进动角速度、角动量和外力矩三者之间存在如下关系：

$$\boldsymbol{\omega} \times \boldsymbol{H} = \boldsymbol{M}$$

而由式（2-2）可知，陀螺仪在进动的同时，会在垂直于进动轴的另一轴上产生陀螺力矩：

$$\boldsymbol{M}_{\mathrm{g}} = \boldsymbol{H} \times \boldsymbol{\omega}$$

可见，陀螺力矩与外力矩都作用于同一轴上，大小相等、方向相反。

当外力矩作用于内环轴、陀螺仪绕外环轴进动时，角动量、进动角速度和外力矩三者始终相互垂直，三者的大小存在如下关系：

$$M = H \cdot \omega \tag{2-3}$$

当外力矩作用于外环轴、陀螺仪绕内环轴进动时，自转轴（角动量）和外环轴（外力矩方向）不能保持垂直状态。此时，陀螺力矩 $\boldsymbol{H} \times \boldsymbol{\omega}$ 与外力矩 $\boldsymbol{M}$ 不在一条线上，外力矩应与陀螺力矩在外环轴上的分量大小相等，即

$$M = H\omega\cos\theta \tag{2-4}$$

式中，θ 为自转轴偏离外环轴垂直位置的角度，如图 2-7 所示。显然，式（2-3）是式（2-4）的特例。由式（2-4）可知，陀螺进动角速度的大小取决于外力矩的大小、角动量的大小及陀螺自转轴偏离外环轴垂直位置的角度，即

$$\omega = \frac{M}{H\cos\theta} \tag{2-5}$$

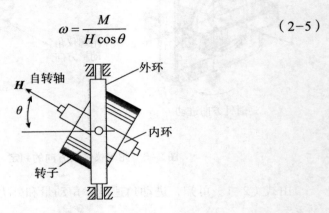

图 2-7 自转轴与外环轴不垂直的情况

两自由度陀螺仪的进动性在自转轴与外环轴不重合时才会显现出来。当自转轴绕内环轴的进动角度达到 90°，或者基座带动外环轴绕内环轴方向的转动角度达到 90° 时，自转轴就与外环轴重合，使陀螺仪失去了一个转动自由度。在这种情况下，陀螺仪的特性会消失，外力矩作用于外环轴则会使外环连同内环一起绕外环轴转动。这种状态被称为环架自锁或环架锁定，因为当内、外环被锁定在一起时，也会出现相似的运动现象。环架自锁意味着陀螺仪的内部结构在特定条件下会发生固定的转动，而不再表现出陀螺仪的典型特性。这种现象对于陀螺仪的应用可能会造成影响，因为它限制了陀螺仪的自由度和稳定性。

（2）稳定性。两自由度陀螺仪具有抵抗干扰力矩，力图保持其自转轴相对惯性空间方位稳定的特性，这种特性称为陀螺仪的稳定性或定轴性。

在理想情况下，只要自转轴与外环轴不重合，陀螺仪的自转轴相对

惯性空间的方位就不会受到基座或仪表壳的转动影响。然而，实际情况下总会存在干扰力矩，如环架轴上的摩擦力矩、陀螺组件的不平衡力矩等。这些干扰力矩会导致陀螺仪产生进动，使自转轴偏离原来的惯性空间方位，这种进动被称为陀螺漂移。陀螺漂移是陀螺仪的一种常见现象，其角速度常被称为漂移率。漂移率的大小直接影响着陀螺仪自转轴相对惯性空间方位的稳定精度。漂移率越小，意味着陀螺仪的稳定性越高，自转轴相对于惯性空间的方位变化越小。

设陀螺仪角动量为 $\boldsymbol{H}$，作用在陀螺仪上的干扰力矩为 $\boldsymbol{M}_d$，自转轴偏离外环轴垂直位置的角度为 θ，则陀螺漂移角速度为

$$\boldsymbol{\omega}_d = \frac{\boldsymbol{M}_d}{H\cos\theta} \qquad (2\text{-}6)$$

根据式（2-6）可知，尽管陀螺仪在受到干扰力矩作用下会发生漂移，但只要具有较大的角动量，陀螺漂移角速度会非常小，因此在一段时间内自转轴相对惯性空间的方位改变也将非常微小。在干扰力矩的作用下，陀螺仪以进动的形式缓慢漂移，这种现象是陀螺仪稳定性的一种体现。陀螺角动量的大小直接影响陀螺漂移的速率。角动量越大，陀螺漂移就越缓慢，陀螺仪的稳定性也就越高。这是因为较大的角动量会增加陀螺仪对外界干扰的抵抗能力，使陀螺漂移的影响变得更加微弱。

当陀螺仪受到冲击力矩作用时，自转轴会在原来的空间方位附近发生锥形振荡运动，这种振荡被称为章动。章动是一种微幅振荡，表现为自转轴围绕惯性空间方位做周期性的摆动。在冲击力矩的作用下，陀螺仪以章动的形式做微幅振荡，这是陀螺仪稳定性的又一表现。章动振幅通常较小，却能够保持自转轴相对惯性空间的方位稳定，从而保证陀螺仪的正常运行。

2.垂直陀螺仪

垂直陀螺仪是两自由度陀螺仪的一个典型应用，用于测量飞行器的俯仰角和倾斜角信号。

（1）垂直陀螺仪的结构。垂直陀螺仪由两自由度陀螺仪、修正机构、角度传感器和托架伺服系统组成，其一般结构如图2-8所示。角度传感器安装在内环轴和外环轴上，用于输出俯仰角和倾斜角的数据。修正机构由液体开关和安装在内环轴和外环轴上的修正电机组成，用于校正陀螺仪的姿态。

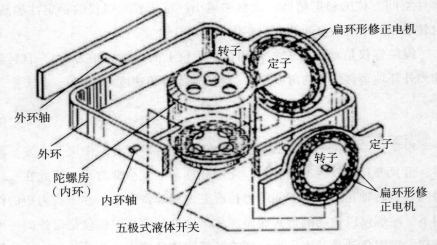

图 2-8　垂直陀螺仪的一般结构

（2）修正机构。在理想情况下，两自由度陀螺仪相对于惯性空间应当是稳定的，其自转轴应始终垂直于水平面以确保准确测量飞机的倾斜角和俯仰角。然而，地球的自转、飞机的运动以及陀螺仪受到的不平衡、摩擦等干扰力矩的影响，使陀螺的自转轴无法始终与水平面保持垂直。修正机构就是为了使陀螺自转轴始终垂直于水平面而设置的。

自由悬挂的单摆受到重力作用时，可以稳定地指向地垂线或围绕地垂线做小幅度摆动。然而，当存在加速度时，单摆将同时受到重力和惯性力的作用，使单摆围绕地垂线摆动的幅度增大。加速度消失后，如果单摆支承轴存在摩擦力矩或阻尼力矩，单摆将发生振荡并逐渐衰减回原位。

从前述内容可以得知，陀螺转子具有抵抗干扰力矩、保持稳定性的特性，但其指向并不受重力影响；而摆对地垂线十分敏感，在无加速度时能准确指向地垂线。为了充分结合两者的优势，垂直陀螺仪将对地垂线敏感的摆式元件直接安装在陀螺仪的内环上，并通过判断陀螺转子轴相对地垂线的偏差输出相应的偏差信号。在实际装置中，摆式敏感元件常采用液体开关或水银开关。液体开关又称为液体电门，是一种能够根据物体倾斜角度而改变电路通断状态的装置，其工作原理利用了液体的导电性，在不同的倾斜角度下，液体会移动以接通或断开电路。这种开关通常具有快速响应和可靠性高的特点，因此在垂直陀螺仪中被广泛应用。水银开关又称为水银电门，它利用水银在重力作用下的流动来实现开关的闭合和断开。当物体倾斜时，水银会流动到不同的位置，从而改变电路的通断状态。水银开关具有结构简单、灵敏度高的特点，适用于对摆动幅度要求不高的场合，因此在垂直陀螺仪中也有着广泛的应用。

利用两自由度陀螺仪的进动性，垂直陀螺仪可以根据转子轴和摆式元件之间的偏差方向和大小输出偏差信号，分别送给装在内、外环轴上的修正电机，产生修正力矩。这样，陀螺转子就可以绕内环轴或外环轴进动，以消除偏差，使转子轴指向地垂线。例如，如果陀螺仪转子轴因某种原因偏离了地垂线，摆式元件就会产生一个电信号，该信号送至安装在内环轴上的修正电机，使其产生绕内环轴的修正力矩，作用于陀螺仪上，这样转子轴就会绕外环轴产生进动，逐渐恢复到地垂线的方向；同理，如果陀螺仪转子轴偏离了地垂线，摆式元件产生的电信号也会送至安装在外环轴上的修正电机，修正电机将产生绕外环轴的修正力矩，使转子轴绕内环轴进动，最终恢复到地垂线的方向。

（3）托架伺服系统。直接使用两自由度陀螺仪构建姿态测量装置会存在一个显著的弊端。假设陀螺仪的外环轴与飞机的纵轴平行，当飞机的俯仰角达到 90° 时，陀螺转子轴、内环轴和外环轴将处于同一平面上，这种状态被称为环架锁定。在环架锁定状态下，飞机绕纵轴的转动将破坏陀螺转子轴的稳定状态。此外，由于外环轴与转子轴处于同一条直线上，外环轴上存在摩擦力矩时，会使外环轴带动内环一起转动，而内环轴上的干扰力矩也将使转子轴偏离原来的方位。为了避免出现环架锁定的情况，一些垂直陀螺仪增加了一个托架。该托架的设计能够改变陀螺仪内、外环轴的相对位置，使其不再处于同一直线上。这样一来，即使飞机的俯仰角达到90°，转子轴、内环轴和外环轴也不会完全处于同一平面上，从而避免了环架锁定的发生。图 2-9 展示了这种增加托架的垂直陀螺仪的示意图。

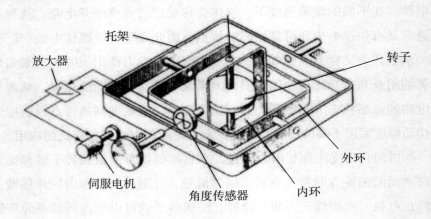

图 2-9　带托架的垂直陀螺仪

角度传感器可以测量陀螺仪绕内环轴相对外环转动的角度。当角度传感器输出角度时，托架伺服系统会产生力矩，驱动托架并带动外环绕内环轴转动，以确保陀螺转子轴与外环轴保持垂直，从而避免环架锁定的发生。同时，安装在托架轴和外环轴上的角度传感器将分别输出飞机的倾斜角和俯仰角，为飞行姿态的测量提供准确的数据支持。

3. 挠性陀螺仪

陀螺仪作为惯性导航系统的核心元件，对系统的工作精度至关重要。传统的框架陀螺仪通常采用环架装置和滚珠轴承支撑转子，以提供所需的转动自由度。然而，滚珠轴承的存在不可避免地引入了摩擦力矩，产生陀螺漂移现象。通过提高滚珠轴承的生产工艺来降低陀螺漂移是一项极为困难的任务。为了满足惯性导航系统对陀螺仪精度的要求，我们必须寻求新的支承方式。在这种需求的推动下，挠性陀螺仪应运而生。挠性陀螺仪采用了与传统陀螺仪不同的支承方式，能够解决传统陀螺仪中滚珠轴承引入的漂移问题。

在挠性陀螺仪中，转子的支撑方式与传统陀螺仪有所不同，它采用了挠性接头作为支撑装置，如图 2-10 所示。挠性接头是一种无摩擦的弹性支承，其结构通常为细颈轴。转子通过挠性接头与驱动轴相连，驱动电机带动驱动轴通过挠性接头使转子高速旋转，从而产生陀螺角动量。挠性接头易于弯曲，这一特性反映了挠性接头支撑形式的本质。挠性接头的设计使转子能够在垂直于自转轴的两个正交轴方向上旋转，从而赋予了转子绕这两个正交轴的转动自由度。换言之，挠性陀螺仪的转子具有三个转动自由度，自转轴则具有两个转动自由度。因此，挠性陀螺仪与两自由度陀螺仪具有相似的基本特性，即进动性和稳定性。正是由于挠性接头的存在，挠性陀螺仪能够有效地实现其功能。通过挠性接头支承转子，陀螺仪获得了足够的灵活性，能够在飞行或其他应用场景中更加稳定地工作。挠性接头的弹性支撑方式有效地减少了摩擦力矩的影响，进而降低了陀螺漂移的发生率，提高了陀螺仪的精度和可靠性。

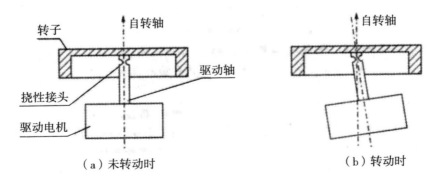

图 2-10　挠性接头支承转子的原理

挠性陀螺仪与传统框架陀螺仪在转子支撑形式上存在显著区别。挠性陀螺仪采用挠性支撑结构，通过挠性接头实现对转子的支撑，这种支撑形式从根本上消除了传统滚珠轴承所带来的摩擦力矩。相比之下，传统框架陀螺仪的支撑结构则采用滚珠轴承，摩擦力矩难以避免。由于挠性支撑结构的采用，挠性陀螺仪能够有效地降低陀螺漂移的发生率，实现了更低的漂移水平。

然而，挠性支承的弹性特性也带来了一个挑战：弹性变形会产生一个弹性力矩作用于转子上，导致转子进动，从而使自转轴偏离原本的稳定惯性空间方位。因此，挠性陀螺仪必须对挠性支承的弹性力矩进行补偿，这是采用挠性支承时需要解决的一个重要问题。

当挠性陀螺仪转子调整旋转时，周围介质的阻尼和磁场感应涡流阻尼会使阻尼力矩作用于转子。当自转轴与驱动轴重合时，阻尼力矩与驱动力矩平衡，总力矩为零。然而，一旦自转轴偏离驱动轴，阻尼力矩仍然沿着自转轴方向作用。此时，驱动力矩与阻尼力矩不再共线，而在垂直于自转轴的方向上产生一个力矩分量，称为正交阻尼力矩，如图 2-11 所示。正交阻尼力矩的产生会使转子发生进动，自转轴逐渐与驱动轴重合。因此，减小正交阻尼力矩成为挠性陀螺仪面临的重要问题之一。为减小正交阻尼力矩，我们可采取一系列措施。例如，优化挠性支承结构，减小挠性支承对转子的约束力，从而降低阻尼力矩的产生；或者通过优化驱动系统的设计，减少驱动力矩对转子的非轴向作用，以降低正交阻尼力矩的大小。另一方面，我们也可以通过改善转子与周围介质的接触方式，减小阻尼力矩的大小。例如，采用低摩擦的润滑材料，或者设计转子表面特殊结构以减少与周围介质的接触面积，从而降低阻尼力矩的影响；定期对挠性陀螺仪进行维护和校准也是减小正交阻尼力矩的有效手段。

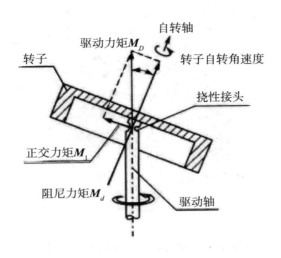

图 2-11 挠性陀螺仪的正交阻尼力矩

　　动力调谐式挠性陀螺仪（简称动力调谐陀螺仪）是一种在航空惯性导航系统中广泛应用的刚体转子陀螺仪，具有高精度和低成本的特点，因此受到了广泛的青睐。动力调谐陀螺仪的原理结构如图 2-12 所示。该陀螺仪采用了一对外扭杆和一对内扭杆来连接转子和电机轴之间的平衡环，这种设计使电机产生的驱动力矩可以通过内、外扭杆传递给陀螺转子。由于扭杆具有很大的抗弯刚度和很小的抗扭刚度，因此转子可以绕内、外扭杆轴线转动，从而产生两个转动自由度，使动力调谐陀螺仪成为一种两自由度陀螺仪。陀螺仪壳体上安装了中心对称的两对信号器和两对力矩器。力矩器用于对陀螺仪施加力矩，信号器则用来测量转子相对壳体基准面的偏转角。这些信号器同轴安装，并以差动形式输出。这些信号器可以准确地控制陀螺仪的转动，并实现精确的姿态测量。

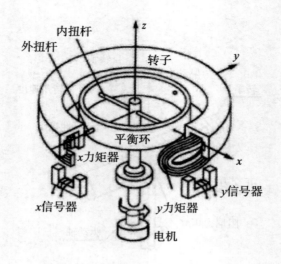

图 2-12　动力调谐陀螺仪的原理结构

　　动力调谐式挠性陀螺仪在设计中采用了一种独特的挠性接头结构，以解决挠性支承所带来的弹性力矩问题。这种挠性接头由内、外扭杆组成，与传统的细颈轴相比，具有相同的支承作用，但又有根本的不同之处。当自转轴与驱动轴之间产生相对偏角时，挠性接头会发生扭转变形，使弹性力矩作用到转子上，表现出一般的机械弹簧效应。然而，与细颈轴不同的是，挠性接头中的平衡环会产生振荡运动，也称为扭摆运动。这种运动会产生一个动力反弹性力矩，与扭杆弹性力矩方向相反，作用于转子上。通过适当选择扭杆的刚性系数、转子的自转角速度以及平衡环的转动惯量，平衡环的动力反弹性力矩可以与挠性支承的机械弹性力矩相抵消。在这种情况下，自转轴相对惯性空间具有极高的方位稳定性，这就是"动力调谐"。

2.1.3　单自由度陀螺仪

1.单自由度陀螺仪的基本特性

单自由度陀螺仪具有绕其缺少自由度的方向转动的特性。当基座绕陀螺自转轴或内环轴方向转动时，单自由度陀螺仪的转子不会一起转动，即内环仍然起隔离运动的作用。但是，当基座绕陀螺仪向缺少自由度的 y 轴正方向以角速度 $\boldsymbol{\omega}_y$ 转动时，必然有一个力矩通过内环轴支承作用到陀螺仪上，其方向与 $\boldsymbol{\omega}_y$ 的方向一致，如图 2-13 所示。这相当于两个自由度陀螺仪在外环轴上有一个外力矩，这个力矩会使陀螺仪产生绕内环轴的进动，进动角速度沿内环轴 x 的负方向，使自转轴 z 逐渐与 y 轴重合。不过，与两自由度陀螺仪不同的是，这个力矩还强迫陀螺仪跟随基座转动。

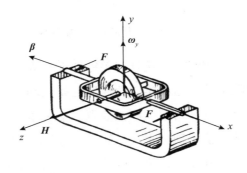

图 2-13　基座绕缺少自由度的方向转动

上述现象可以用陀螺力矩来解释。当基座绕陀螺仪向缺少自由度的 y 轴正方向以角速度 $\boldsymbol{\omega}_y$ 转动时，便有绕内环 x 轴负方向的陀螺力矩 $H\boldsymbol{\omega}_y$ 作用在陀螺仪上，在这个陀螺力矩作用下，陀螺仪产生绕内环轴的转动，使自转轴逐渐与基座转动角速度的方向重合。如果此时绕内环轴作用有外力矩，并且恰好能够平衡陀螺力矩 $H\boldsymbol{\omega}_y$，那么陀螺仪绕内环轴便停止转动。

下面分析单自由度陀螺仪受到绕内环轴的外力矩作用时的运动情况。如图 2-14 所示，假设外力矩为 $\boldsymbol{M}_x$，$\boldsymbol{M}_x$ 绕内环 x 轴的正方向作用，那么陀螺仪将以角速度 $\boldsymbol{M}_x / H$ 绕 y 轴的正方向进动。显然，由于内环轴上一对支承和基座的约束，这个进动是不可能实现的。在外力矩 $\boldsymbol{M}_x$ 的作用下，陀螺仪如一般刚体那样绕内环轴转动，方向与外力矩方向一致。

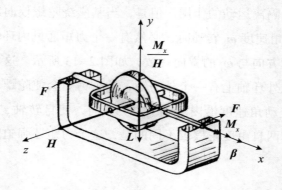

图 2-14　外力矩绕内环轴作用

　　角速度对于飞行控制和导航具有关键意义。为了准确测量飞行器的角速度，角速度陀螺仪应运而生。角速度陀螺仪利用了单自由度陀螺仪的特性，被设计成了一种角速度测量装置。这种角速度陀螺仪的设计十分巧妙，其敏感轴或输入轴位于缺少转动自由度的方向，输出轴则设置在内环轴上。通过这种布局，角速度陀螺仪可以敏感地感知飞行器的角速度变化。角速度陀螺仪在内环轴上设置了能够产生弹性反力矩的装置以及角度传感器，这样可以实现对驱动陀螺仪进动的陀螺力矩的平衡，从而测量陀螺仪进动角度或弹性反力矩的大小，这样就可以准确计算出基座的转动角速度。这种设计使角速度陀螺仪能够在飞行过程中稳定地测量飞行器的角速度，为飞行控制和导航提供重要的数据支持。

　　2.扭杆式速率陀螺仪

　　扭杆式速率陀螺仪是一种常用的速率陀螺仪类型，其设计原理简洁而高效，基本结构如图 2-15 所示。这种陀螺仪利用弹性扭杆产生弹性反力矩，并通过设置阻尼器来抑制陀螺仪进动过程的振荡，从而实现了对飞行器角速度的精确测量。该陀螺仪的输入轴、输出轴与转子转动方向相互垂直，这种布局使陀螺仪能够灵敏地感知飞行器绕输入轴的角速度变化。当飞行器以一定的角速度绕输入轴转动时，陀螺仪壳体将通过支承迫使转子跟随转动，同时沿输出轴会产生陀螺力矩，使转子绕输出轴进动。这个进动过程引起了扭杆的扭转，会沿输出轴产生一个弹性力矩，方向与陀螺力矩方向相反。在稳态时，扭杆的弹性力矩与陀螺力矩相平衡，陀螺仪进动达到一定角度后，扭杆停止扭转。转子绕输出轴的进动角度与扭杆的弹性力矩成正比，扭杆的弹性力矩与陀螺力矩成正比，而陀螺力矩与输入角速度成正比。因此，通过测量陀螺仪进动角度，我们就可以得到飞行器的角速度。

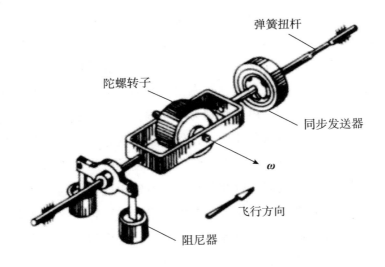

图 2-15　扭杆式速率陀螺仪

　　扭杆式速率陀螺仪尽管在飞行器姿态控制中得到了广泛应用，但它存在一定的缺点：当有角速度输入时，转子会偏离零位，导致输出产生交叉耦合误差，特别是在输入角速度较大的情况下，这种误差会更加显著，从而降低了陀螺仪的精度。

3. 反馈式速率陀螺仪

为了解决扭杆式速率陀螺仪存在的偏离零位和交叉耦合误差问题，

一种改进方法是采用电动力矩器代替机械扭杆，通过将角度传感器输出信号放大后反馈到输出轴上的电动力矩器，构成一个闭环回路。在这个回路中，电动力矩器扮演了类似机械扭杆的角色，使用电弹簧进行控制。只要回路的增益足够大，转子就能够始终保持在零位附近，从而减小偏离零位的可能性。流入力矩器的电流与输入角速度成正比，可以作为仪表的输出，提供准确的角速度信息。

4. 积分陀螺仪

积分陀螺仪是一种特殊类型的速率陀螺仪，它去除了扭杆或弹簧，仅保留了阻尼器。当飞行器绕积分陀螺仪的输入轴产生角速度时，陀螺力矩会在输出轴上产生旋转，从而使转子绕输出轴发生进动。同时，阻尼器会产生一个与进动角速度大小成正比、方向相反的阻尼力矩，以抑制转子的过度进动。在稳态时，陀螺力矩与阻尼力矩达到平衡，使转子保持在一个稳定的位置。由于陀螺力矩与输入角速度成正比，因此在稳态时，进动角速度与输入角速度成比例关系。这意味着飞行器的转动角度是输入角速度的积分，或者说是输入角速度随时间的累积。通过输出轴上的角度传感器，我们可以获得与飞行器转角成正比的信号，从而实时监测飞行器的转动状态。积分陀螺仪的优点在于它简化了结构，去除了传统速率陀螺仪中的扭杆或弹簧部分，使设计更为简洁。然而，它也存在一些缺点，如对于较大的角速度输入，转子可能会偏离稳态位置，导致输出的信号与实际的转角存在误差。

2.1.4 光学陀螺仪

激光陀螺仪和光纤陀螺仪是基于近代物理学原理制造的先进角运动传感器，已成为现代捷联式惯性导航系统中主要的组成部分之一。它们的工作原理利用了萨格纳克效应，利用激光或光纤的光学特性来测量飞行器的角速度。激光陀螺仪的主体是一个环形谐振腔，其中沿正反方向绕行的激光束会形成一个封闭的光学环路。当飞行器发生转动时，激光束在环形腔内产生不同的光程差，这个差异会被检测并转换为角速度的测量值。光纤陀螺仪则利用光纤线圈构成激光传播的通路，通过测量光纤中光的相位变化来实现对角速度的测量。这两种陀螺仪统称为光学陀螺仪，光学陀螺仪的工作原理基本相似，但又有不同的结构和实现方式，常见的类型包括干涉型光学陀螺仪、谐振型光学陀螺仪和受激布里渊散射型光学陀螺仪。其中，干涉型光学陀螺仪利用激光的干涉现象来测量角速度，谐振型光学陀螺仪利用光的谐振效应实现角速度的测量，受激布里渊散射型光学陀螺仪则通过光的布里渊散射效应来测量角速度。

如图 2-16 所示，两束光波在一个注入点同时进入圆形闭合光路，并分别围绕光路的逆时针方向和顺时针方向传播，对应的光程长度用 $L_逆$ 和 $L_顺$ 表示。两束光沿相反方向循行一周后会合于注入点，产生干涉。假设光路正在旋转，那么两束光波的实际光程就会不同（图中光路顺时针旋转，逆时针传播光程 $L_逆$ 比顺时针传播光程 $L_顺$ 要长一些），两束光之间会产生相位差或频率差，从而使干涉条纹发生移动或差拍，这就是萨格纳克效应。我们通过光电探测器检测干涉效应，即可计算出转动角速度。

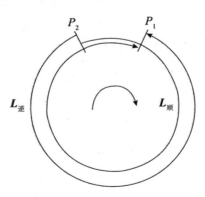

图 2-16 萨格纳克效应示意图

2.2 加速度计的原理和分类

加速度传感器是飞机上用来测量运动加速度的重要装置，对飞机的飞行控制和导航至关重要。由于飞机的运动包括重心的线性运动和绕机体三轴的角运动，因此加速度传感器分为线加速度传感器和角加速度传感器两类。在这里，我们主要介绍广泛应用于各类飞机上的线加速度传感器。线加速度传感器也被称为加速度计，是用来测量飞机的线性运动加速度的装置，它通过感知飞机的运动状态，从而提供关键的数据给飞行控制系统。加速度计通常采用微电机、压电效应或电容传感器等技术来实现对加速度的测量，具有高精度和快速响应的特点。飞机上的加速度计广泛应用于飞行控制系统、惯性导航系统和飞行器健康监测系统等领域，能够实时监测飞机的加速度变化，帮助飞行员进行飞行姿态的控制和调整，同时能够将加速度变化提供给导航系统，用于计算飞机的位置和速度信息。

加速度计是一种用来测量物体加速度的装置，根据输出与输入的关系和工作原理的不同，可以分为多种类型。根据输出与输入的关系，加速度计可以分为加速度计和积分加速度计，加速度计直接输出物体的加速度信息，积分加速度计则将加速度的积分值作为输出，通常用于测量速度或位移。根据检测质量的支撑结构形式和材料特点的不同，加速度计可以分为挠性加速度计、液浮加速度计、气浮加速度计、石英加速度计等，这些类型的加速度计采用不同的原理和材料，适用于不同的工作环境和测量要求。根据将测得的加速度转换为电信号时利用的物理原理的不同，加速度计又可分为摆式陀螺加速度计、压电加速度计、振弦加速度计等，这些加速度计利用不同的物理效应将机械运动转换为电信号，实现加速度的测量和输出。除了以上传统的加速度计，一些采用新材料和新工艺的新型加速度计也陆续出现，如利用微机电技术（MEMS）的硅微机械加速度计和石英振梁式加速度计等，这些新型加速度计具有体积小、质量轻、功耗低等优点，在航空航天、汽车、智能手机等领域得到了广泛的应用。根据输出信号的方式，加速度计可以分为模拟式加速度计和数字脉冲加速度计；按敏感加速度输入轴的数目，加速度计可以分为单轴加速度计、双轴加速度计和三轴加速度计。这些分类使加速度计能够满足不同场景下的测量需求，并广泛应用于科学研究、工程技术和日常生活中。

2.2.1 加速度计的一般原理

我们将加速度计的敏感轴置于机体的三个轴向，可测量飞机三个轴向的线加速度。图 2-17 为一种简单的加速度计工作原理图。

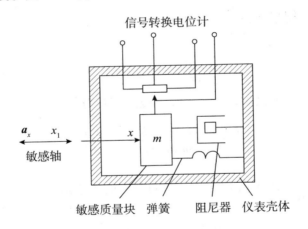

图 2-17 加速度计工作原理图

加速度计是由弹簧支撑的可动质量块（称为敏感质量块）、信号变换器（通常是电位计）和阻尼器等部分组成的装置。敏感质量块可以沿着敏感轴方向移动，电位计的电刷则与质量块连接在一起。因此，电位计输出的电压可以反映出质量块在加速度计壳体内的位置变化情况。

设质量块的质量为 m，弹簧的弹性系数为 K，阻尼器的阻尼系数为 D。假定飞机在惯性空间内运动，其位移量为 x_i，相应的线加速度为 $a_x = \dfrac{\mathrm{d}^2 x_i}{\mathrm{d}t^2}$。由于加速度计通过仪表壳体与飞机固连，飞机的位移量也就是仪表壳体的位移量，而其线加速度就是加速度计的输入量。仪表中的敏感质量块具有惯性，可相对惯性空间运动，其位移量为 z。电刷固连于质量块（包括阻尼器的活塞），在仪表壳体内相对电位计骨架（仪表壳体）的位移量为 x。质量块相对位移量 x 与其绝对位移量 z 和飞机位移量 x_i 之间的关系为

$$x = z - x_i \tag{2-7}$$

忽略弹簧质量和电刷与电位计间的摩擦力。质量块所受的力包括惯性力 $m\dfrac{\mathrm{d}^2 z}{\mathrm{d}t^2}$、阻尼力 $D\dfrac{\mathrm{d}x}{\mathrm{d}t}$、弹力 Kx，相应的运动方程为

$$m\frac{\mathrm{d}^2 z}{\mathrm{d}t^2} + D\frac{\mathrm{d}x}{\mathrm{d}t} + Kx = 0 \tag{2-8}$$

将式（2-7）代入式（2-8），消去 z 变量可得

$$\frac{\mathrm{d}^2 x}{\mathrm{d}t^2} + \frac{D}{m}\frac{\mathrm{d}x}{\mathrm{d}t} + \frac{K}{m}x = -\frac{\mathrm{d}^2 x_i}{\mathrm{d}t^2} \tag{2-9}$$

将 $a_x = \dfrac{\mathrm{d}^2 x_i}{\mathrm{d}t^2}$ 代入式（2-9），可得相应的传递函数为

$$\frac{x(s)}{a_x(s)} = -\frac{1}{s^2 + 2\zeta\omega_0 s + \omega_0^2} \tag{2-10}$$

式中，$\zeta = \dfrac{D}{2\sqrt{mK}}$ 为相对阻尼系数；$\omega_0 = \sqrt{\dfrac{K}{m}}$ 为固有频率。

稳态时，$\dfrac{\mathrm{d}x}{\mathrm{d}t} = 0$，$\dfrac{\mathrm{d}^2 x}{\mathrm{d}t^2} = 0$。由式（2-9）得

$$x = -\frac{m}{K}a_x \tag{2-11}$$

式（2-11）表示当飞机做匀加速度运动时，敏感质量块的惯性力与弹簧形变引起的弹力大小相等、方向相反，从而使质量块处于平衡位置 x。

将输出电压 $U = K_U x$（K_U 为电位计传递系数）代入式（2-11）可得

$$U = -\frac{K_U m}{K}a_x \tag{2-12}$$

式（2-12）表明：线加速度传感器的输出电压正比于飞机线加速度，相位差为 $180°$。

传统的加速度计虽然在结构简单、价格低廉方面具有优势，并且在增稳系统、控制增稳和电传操纵系统以及自动驾驶仪等方面被广泛应用，但也存在一些问题。例如，摩擦力会影响电刷和电位计之间的运动，质量块的移动容易受到振动等外部因素的影响，弹簧的工作特性也会受到温度的影响，导致传感器的线性度较差，灵敏度不高，精度不够。为了解决这些问题，我们可以考虑采用力矩器来取代弹簧。

2.2.2　挠性摆式力矩反馈加速度传感器

挠性摆式力矩反馈加速度计（简称挠性加速度计）是惯性导航系统中常用的一种加速度计，它由挠性支撑（挠性轴）、摆组件、角位移信号器、力矩器以及反馈电子组件（包括放大器和校正网络等）构成。利用挠性支撑和摆组件，挠性加速度计能够在受到外部加速度作用时产生相应的力矩反馈。角位移信号器用于测量摆组件的位移，力矩器则用于产生与加速度成正比的力矩。反馈电子组件负责放大和校正信号，以确保加速度计的准确性和稳定性。挠性摆式力矩反馈加速度计的结构示意图如图 2-18 所示。

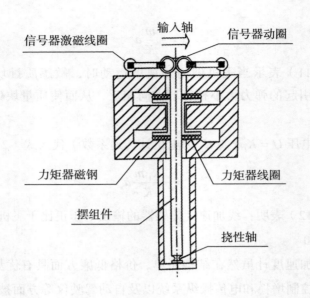

图 2-18 挠性摆式力矩反馈加速度计的结构示意图

挠性加速度计是一种常见的加速度测量装置,其工作原理利用了挠性支撑和摆组件的结构特性,以及角位移信号器、力矩器和反馈电子组件的配合作用。在挠性加速度计中,摆组件通过挠性支撑与挠性轴相连接,并由角位移信号器检测其偏转角度。当沿输入轴方向产生加速度时,摆组件会向与加速度相反的方向发生偏移,其偏转量与加速度的大小成正比。角位移信号器将摆组件的偏转转换为电信号,并将其放大后送入力矩器线圈。力矩器产生与摆组件偏转方向相反的力矩,这个力矩称为再平衡力矩。再平衡力矩与挠性轴的弹性反力矩共同平衡由摆组件的惯性力产生的力矩。需要注意的是,角位移信号器输出的电信号并非加速度计的最终输出。在实际运行中,力矩器的传递系数较大,摆组件的偏转角度非常小,因此惯性力产生的力矩主要由力矩器产生的力矩平衡,即再平衡力矩的大小与加速度的大小成正比。在稳定状态下,摆组件的偏转角度和信号器输出的电信号都很小,而力矩器线圈的电流与输入加速度成正比。因此,加速度计的最终输出是由力矩器线圈电流转换而来的。

　　当沿加速度输入轴方向产生加速度 *a* 时，摆组件将产生惯性力，该惯性力的作用方向与加速度 *a* 的方向相反。稳态时惯性力为 *ma* ，对挠性轴产生惯性力矩 $M = mla$ 。设力矩器对挠性轴产生的再平衡力矩为 $M_t = K_t I$ ，并忽略挠性轴产生的弹性力矩。这时 $K_t I = mla$ ，即

$$I = \frac{mla}{K_t} \qquad\qquad （2\text{--}13）$$

式中，*m* 为摆的质量；*l* 为摆长；K_t 为力矩系数；*I* 为力矩器线圈的电流。式（2-13）表明，力矩器线圈电流与输入加速度成正比。

　　挠性摆式力矩反馈加速度传感器具有较高的精度和可靠性，在惯性导航和飞行控制中得到了广泛应用。

2.3　大气数据系统及其在无人机中的作用

　　大气数据系统在无人机领域扮演着核心角色，它通过精确测量无人机所处大气环境的各种参数，进而计算出关键的运动信息，包括气压高度、垂直速度、空速以及马赫数等。这些信息不仅对无人机的飞行性能有着直接的影响，还对确保飞行安全至关重要。无人机可依据这些精确的数据来进行高效、准确的导航与控制，尤其是在自动飞行模式下。

　　大气数据系统的运作依赖于内部的几个关键组件。空速管是这一系统的核心，它通过测量无人机前进方向上的气流动态压力，来确定无人机的空速，这一数据对于调节无人机速度、保持稳定飞行状态具有重要作用。大气温度传感器负责捕捉周围空气的温度，这一信息对于修正空速读数至关重要，因为空气密度会随温度变化而变化，直接影响空速的准确测量。迎角传感器可测量无人机相对于周围气流的迎角，这一参数对于评估无人机的气动性能和飞行姿态极为重要，错误的迎角可能会导

致无人机失速或飞行效率降低。最终，大气数据计算机会将从这些传感器接收到的数据进行综合分析，利用大气物理学原理和无人机的气动特性，精确计算出无人机所需的运动参数。

大气数据系统能够确保无人机在各种气象条件下安全、高效地执行任务，包括进行地形跟踪、定点监视和长距离巡航。大气数据的准确获取和处理对于无人机的自动飞行能力至关重要，能够使无人机在没有人为直接控制的情况下，依靠先进的算法和控制系统自动完成飞行任务，大大提高了无人机的应用范围和效能。

2.3.1 大气温度与大气压力

1. 大气温度

（1）静温。大气静温衡量的是大气静止状态下的温度水平，反映了大气的冷热程度。在对流层，这一温度随着高度的增加呈下降趋势，具体表现为每上升 1 000 m，大气静温大约下降 6.5 ℃。这种温度随高度变化的规律，对于理解大气层结构和天气变化具有重要意义。然而，进入平流层后，特别是在 25 km 以下的范围内，这种温度变化趋势会发生显著转变，大气静温变得相对稳定，几乎不再随高度变化。这种现象揭示了大气层中温度分布的复杂性，同时对飞行器的设计和大气科学的研究提供了重要的参考信息。

（2）总温。当气流流经物体表面时，物体表面的阻碍作用会使气流流速降低，流速为零的点称为驻点，该点的温度就是总温，其数学表达式为

$$T_t = T_s \left(1 + 0.2Ma^2\right) \tag{2-14}$$

式中，T_t 为大气总温；T_s 为大气静温；Ma 为飞行马赫数。

由式（2-14）可看出，总温由两部分组成：一部分是静温，另一部分是因气流受阻而由动能转化而来的附加温度（简称动温）。总温的大

小与飞行高度和速度直接相关。

（3）阻滞温度。在飞机进行温度测量时，由于感温元件在测量过程中不可避免地会发生热能损耗，因此实际测量到的温度通常会低于理论上的总温，其与总温有如下关系

$$\frac{T_r}{T_t} = N \qquad (2-15)$$

式中，T_r 为阻滞温度；N 为温度恢复系数（或称品质因数），表示动能转换为热能的恢复程度。

将式（2-15）代入式（2-14），得到阻滞温度与静温之间的关系为

$$T_r = NT_s\left(1 + 0.2Ma^2\right) \qquad (2-16)$$

大气数据系统在探测大气温度时，通常使用阻滞温度传感器，也称作总温探头。这种传感器的作用是在飞行过程中测量阻滞温度，并将测得的总温信号传送给大气数据计算机。这样，我们便能够根据飞行中感测到的温度信息，计算出与大气温度相关的各种大气参数。

2. 大气压力

大气压力在无人机飞行过程中起着关键作用，涉及大气层内的物体受到大气重力影响而产生的力。大气压力的理解和测量对于无人机的飞行性能和安全至关重要，包括静压、总压和动压三个核心组成部分。静压代表无人机周围空气对无人机表面的直接作用力，反映了大气的密度和质量。这个参数随着无人机飞行高度的变化而变化，对于确定无人机的高度非常重要。测量静压可以帮助无人机系统准确估计当前飞行层次，对飞行计划和性能评估有着直接影响。总压是指无人机面对气流时，气流对无人机表面的总压力。在无人机高速飞行时，迎面的空气被阻挡，动能转化为压力能和热能，形成全受阻压力，即总压。总压的测量对于理解和计算无人机的飞行速度以及动力学性能至关重要。动压则是由无人机与大气之间的相对运动产生的压力差，反映了气流动能的一个方面。

这个参数随无人机飞行速度的变化而变化，对于飞行动力学的分析和无人机速度的计算尤为关键。动压的测量能够直接影响无人机的导航系统和飞行控制策略，对于提高飞行效率和安全性有着直接作用。

2.3.2　大气数据计算原理

1.气压高度

飞行高度是飞机在空中距离某一基准面的垂直距离。测量基准面不同，测出的高度也不同。如图 2-19 所示，按选定基准面的不同，飞行高度可以分为以下几种。

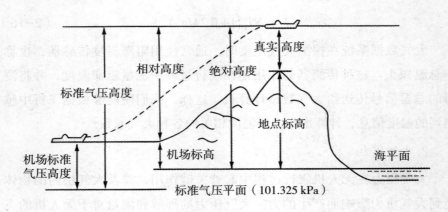

图 2-19　飞行高度的定义

第一，绝对高度：飞机与海平面之间的垂直距离，也称为海拔高度。

第二，真实高度：飞机与地面目标（山顶、地面等）之间的垂直距离。

第三，相对高度：飞机与机场地面之间的垂直距离。

第四，标准气压高度：飞机与气压为 101 325 Pa 的气压平面之间的垂直距离。

气压高度与静压之间存在着复杂的函数关系，其中大气温度的变化对其影响极大。然而，由于标准大气温度的不连续性，我们只能采用分段函数来描述这一关系。

气压高度 H_p 与大气静压之间的函数关系如下：

$$\begin{cases} H_p = \left[1 - \left(P_s / P_0\right)^{0.190\,3}\right] \times 10^4 / 0.225\,694, & H_p \leqslant 11\,000 \\ H_p = 11\,000 + 14\,593.7\left(\log P_{11\,000} - \log P_s\right), & H_p > 11\,000 \end{cases} \quad (2\text{-}17)$$

式中，P_0 为标准海平面大气压，数值为 101. 325 kPa；$P_{11\,000}$ 为 11 000 m 高度时的标准大气压，数值为 22. 615 kPa；P_s 为大气静压。

2. 空速

空速包括真空速和指示空速。真空速是指飞机相对于周围空气的速度，考虑了空气密度的影响。简言之，真空速是飞机在无风状态下的真实运动速度，不受空气密度变化的影响。指示空速则是标准空气速度（海平面的空气密度 $\rho_0 = 1.225$ kg / m³）的真空速，或者说忽略空气密度变化的飞机运动速度。指示空速又称为仪表空速，简称表速。

（1）计算空速的基本方法。通常，飞行速度小于 400 km/h 时，我们可以认为空气是不可压缩的，其流动过程是等密的，空速 v 可按下式计算：

$$v = \sqrt{\frac{2\left(P_t - P_h\right)}{\rho_h}} = \sqrt{\frac{2\Delta P}{\rho_h}} \quad (2\text{-}18)$$

式中，P_t 为总压；P_h 为高度 h 处的大气静压；ρ_h 为高度 h 处的大气密度；ΔP 为总压与静压之差，也就是动压。

当飞行速度大于 400 km/h 时，空气压缩效应较显著，此时空速 v 的计算公式为

$$v = \sqrt{\frac{2\gamma P_h}{(\gamma - 1)\rho_h}\left[\left(1 + \frac{\Delta P}{P_h}\right)^{\frac{\gamma - 1}{\gamma}} - 1\right]} \quad (2\text{-}19)$$

式中，γ 为比热比，$\gamma = 1.4$。

不过，式（2-18）和式（2-19）均难以直接用来计算空速，因为高度 h 处大气密度的确切数值并不知道。

当飞行速度大于 1 400 km/h（即 $Ma > 1.14$）时将产生激波，动压和飞行速度的关系可由下式确定：

$$\Delta P = \frac{167 v^2}{c^2 \left(7 v^2 - c^2\right)^{2.5}} - 1 \qquad (2-20)$$

式中，$c = \sqrt{\lambda R T}$ 为声速，其中 λ 为定压比热与定容比热之比，$\lambda = 1.4$；T 为热力学温度，量纲为 K；R 为普适气体常数，$R = 287.14 \, \text{J}$。

超声速飞行时，静压的测量变得极为困难。空速管前通常会形成激波，稍有轴线倾斜即可导致巨大的测量误差。这是因为激波的存在使空气压力分布非常复杂，传统的静压测量方法无法准确获取压力值。

（2）指示空速与真空速的计算。由于大气密度不易测准，因此人们用标准大气下海平面的空气密度 ρ_0 与压力 P_0 代替高度 h 时的空气密度 ρ_h 和静压 P_h，即忽略了密度随飞行高度的变化。当飞行速度小于 400 km/h 时，表速 v_{bs} 按下式计算：

$$v_{bs} = \sqrt{\frac{2\left(P_t - P_0\right)}{\rho_0}} = \sqrt{\frac{2\Delta P}{\rho_0}} \qquad (2-21)$$

真空速 v_{zs} 与表速的关系为

$$v_{zs} = v_{bs} \sqrt{2 \frac{P_0}{P_h} \frac{T_h}{T_0}} \qquad (2-22)$$

式中，P_0，T_0 为标准大气下海平面的压力与热力学温度；P_h，T_h 为高度为 h 处的大气压力与热力学温度。

3. 马赫数

马赫数是飞行速度与飞机所在高度的声速之比。当飞机马赫数 Ma

超过临界马赫数 Ma_{cr} 时，飞机某些部位由于局部激波的出现，使飞机的空气动力特性发生显著的变化，导致飞机的稳定性和操纵性变差。

由于 $Ma = \dfrac{v}{c}$，而声速为

$$c = \sqrt{\lambda R T_h} \approx 20\sqrt{T_h} = c_0\sqrt{\frac{T_h}{T_0}} \tag{2-23}$$

式中，c_0 为标准海平面处的声速。

当飞行速度小于 400 km/h 时，即认为空气是不可压缩的情况下，由前述可知

$$v = \sqrt{\frac{2\left(P_t - P_h\right)}{\rho_h}} = \sqrt{\frac{2\Delta P}{\rho_h}} \tag{2-24}$$

因此

$$Ma = \frac{1}{c_0}\sqrt{\frac{2T_0\Delta P}{T_k\rho_h}} = A\sqrt{\frac{\Delta P}{\rho_h}} \tag{2-25}$$

式中，$A = \dfrac{1}{c_0}\sqrt{\dfrac{2T_0}{T_h}}$ 为常数。

当飞行速度大于 400 km/h 时，即认为空气是可压缩的情况下，由前述可知

$$v = \sqrt{\frac{2\gamma P_h}{(\gamma - 1)\rho_h}\left[\left(1 + \frac{\Delta P}{P_h}\right)^{\frac{\gamma-1}{\gamma}} - 1\right]} \tag{2-26}$$

因此

$$Ma = \sqrt{\frac{2}{(\gamma - 1)}\left[\left(1 + \frac{\Delta P}{P_h}\right)^{\frac{\gamma-1}{\gamma}} - 1\right]} \tag{2-27}$$

可见马赫数 Ma 仅与 ΔP 和 P_h 有关，而与 T_h 无关。

2.4 其他传感器在无人机导航中的重要性

2.4.1 无线电高度表

无线电高度表在无人机中扮演着十分重要的角色。它能够精准地测量无人机到地面的真实高度和垂直速度，为飞行提供了重要的参考数据。特别是在无人机的自动起飞和着陆过程中，这项技术发挥着至关重要的作用。无线电高度表由发射装置和接收装置组成，其工作范围通常是 0～762 m（0～2 500 ft）或 0～600 m。

无线电高度表的工作机理十分巧妙，它利用发射装置向地面发射无线电波，这些电波在与地面接触后被反射，并由接收装置捕获。这样一来，我们可以利用电波的往返时间来计算飞行器到地面的距离。由于电波在空气中传播的速度是一个已知的恒定值，因此通过测量从发射到接收的时间，我们就能够精确地推算出电波在空中传播的时间。利用这个时间，我们就可以计算出飞行高度。

无线电高度表按工作方式分为以下两种。

第一，调频式无线电高度表。调频式无线电高度表是一种精密而可靠的设备，其工作原理极其复杂而精密。它采用了先进的技术，通过向地面发射三角波调制的连续调频波来实现对飞行高度的测量。这些波经过地面反射后被接收机接收。接收到的调频波与从发射机耦合过来的发射波进行混频，产生了一个差频信号。这个差频信号与飞行高度密切相关，因为它是通过反射和混频过程所得的结果。通过频率计数器测量这个差频，系统可以获取准确的高度信息，然后通过一系列换算（包括但不限于速度、风速和大气压力等因素的考虑），就能够确定飞行器相对于地面的高度。这种高度表采用连续波方式工作，因此需要两个天线来完成任务，一个用于发射波，另一个用于接收反射波。

第二，脉冲式无线电高度表。脉冲式无线电高度表采用了与脉冲雷达类似的工作原理，这使它能够准确测量目标到地面的距离。脉冲式无线电高度表通过发射脉冲电磁波，然后测量这些波往返的时间延迟，从而获取目标的距离信息。

如图 2-20 所示，发射天线 A 与接受天线 B 相距为 l，无线电发射机所发射的无线电波一部分直接传到接收天线，所需的时间为

$$t_1 = l / c \tag{2-28}$$

式中，c 为光速，$c = 299\,792.458\,\mathrm{m/s} \approx 3 \times 10^5\,\mathrm{m/s}$。另一部分无线电波经地面反射后由接收天线接收，所需的时间为

$$t_2 = \sqrt{\frac{4h^2 + l^2}{c^2}} \tag{2-29}$$

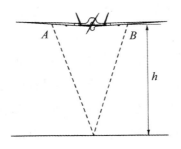

图 2-20　无线电测高原理

接受天线接收上述两个无线电波的时间间隔为

$$\tau = t_2 - t_1 = \sqrt{\frac{4h^2 + l^2}{c^2}} - \frac{l}{c} \tag{2-30}$$

故飞行高度 h 为

$$h = \frac{1}{2}\sqrt{c\tau(c\tau + 2l)} \tag{2-31}$$

因为发射天线与接收天线之间的距离很小，l 可忽略，所以飞行高度 h 为

$$h = \frac{c\tau}{2} \tag{2-32}$$

利用无线电波反射特性来测量飞机飞行高度的方法，是将飞行高度测量转换为时间的测量，它所能测量的最小高度取决于所能测量的最小时间间隔。例如，若所能精确测量的最小时间间隔 τ 为 10^{-9} h，则所能测量的最小飞行高度为 0.15 m。

2.4.2 磁力计

磁力计指的是各种用于测量磁场的仪器，也称磁力仪、高斯计。

磁感应强度是一个矢量，具有大小和方向特征。根据测量磁场的不同属性，磁力计可以分为标量磁力计和矢量磁力计两种类型。标量磁力计仅测量磁感应强度的大小，矢量磁力计则能够测量特定方向磁场的大小。在无人机中所使用的磁力计属于矢量磁力计。

磁力计在无人机的飞行控制系统中具有重要作用，它提供了地磁场在飞行器机体中的三个分量，这些分量包括地磁场在无人机横向、纵向和竖直方向上的大小和方向信息。通过测量这些分量，系统能够准确确定无人机相对于地球磁场的姿态和方向，从而实现精确的磁航向控制。

磁场测量的物理原理多种多样，我们可根据不同原理对磁力计进行分类。常见的标量磁力计包括质子旋进磁力计、Overhauser 磁力计、碱金属光泵磁力计等，这些设备主要用于测量磁场的强度，而不涉及方向信息。常见的矢量磁力计则包括磁通门磁力计、磁阻磁力计等。

测量地磁场强度的磁力计可分为绝对磁力计和相对磁力计两类。

绝对磁力计测定值的准确度由仪器本身确定，相对磁力计测定值的准确度需要与绝对磁力计比测后才能确定。常用的磁力计有以下几种。

第一，地磁感应仪。地磁感应仪是一种测量地磁倾角的仪器，它是 W.E. 韦伯于 1837 年根据电磁感应原理制成的，测量精度可达数角秒。

第二，磁偏计。磁偏计是一种测量地磁偏角的仪器，主要由磁系、悬丝、照准望远镜和水平度盘等组成，测量精度可达数角秒。

第三，石英丝水平强度磁力仪。该仪器是一种用于测量地磁场水平强度的仪器，由丹麦学者 D. 拉库尔于 1936 年设计制造。它的原理利用了扭力矩与磁力矩平衡，主要由一条精制的石英丝和磁针组成。这种仪器可用于野外地磁测量，也可用于校正地磁台的磁记录。在使用前，我们需要先用绝对磁力计对其常数进行标定，以确保测量结果的准确性和可靠性。在仪器的设计中，石英丝是至关重要的，它必须具有足够的柔软度和稳定性，以保证在地磁场作用下能够产生可靠的扭转力。磁针则起到指示作用，根据磁场方向的不同，磁针会发生相应的偏转。通过调整仪器的灵敏度和平衡，我们可以准确地测量地磁场的水平强度。

第四，零点磁秤。零点磁秤是一种用于测量地磁场垂直强度的仪器，是由拉库尔于 1942 年根据重力矩与磁力矩平衡的原理设计制造的。这种仪器的主要原理是通过调整两根磁针的位置和相互作用，使其在地磁场的作用下达到平衡状态。当地磁场垂直方向的强度发生变化时，两根磁针之间的相互作用也会相应地改变，从而使仪器产生偏转或变化，实现地磁场垂直强度的测量。

第五，磁通门磁力仪。磁通门磁力仪是一种用于测量地磁场强度和方向的仪器，其设计利用了独立的磁通门探头组合。每个磁通门探头能够独立地感知某一方向上地磁场的强度。通过将三个探头相互垂直地组合在一起，磁通门磁力仪能够同时测量地磁场强度的三个分量，从而提供对地磁场全面的了解。磁通门磁力仪的发展源于第二次世界大战，当时为了从飞机上探测敌方潜艇而被迫发展出这一技术。随着技术的进步，磁通门磁力仪已经在地磁台以及陆地磁测、航空磁测、卫星磁测等领域得到了广泛的应用。

第六，质子旋进磁力仪。质子旋进磁力仪是一种用于测量地磁场总强度的仪器，其原理利用了质子在强磁场中的极化和旋进。在强磁场的作用下，水或碳氢化物中的质子会被极化，当强磁场突然去掉时，质子会以一定的角速度绕地磁场旋进。通过测定质子的旋进频率，我们就可以计算出地磁场的总强度。这种仪器具有很强的抗震动能力，适合装载在船舶、气球、飞机、人造卫星等运载工具上使用。由于其不受震动干扰的特点，质子旋进磁力仪能够在运动的载体上进行准确的地磁场测量，为科学研究和导航提供了重要的数据支持。

第七，磁传感器。磁传感器是一种用于测量磁航向的设备，主要由地磁感应元件和磁电位计两部分组成。地磁感应元件负责测量磁场方向，磁电位计则将这些信息转换为电信号。磁电位计是磁传感器中的关键组成部分，其结构包括环形电阻和一对电刷。环形电阻上分布着三个互相隔120°的固定抽头，这些抽头分别与指示器和陀螺电位计的三个电刷相连。磁电位计的磁航向由电阻与电刷之间的相对位置所确定。当地磁感应元件测量到磁场方向后，磁电位计通过电刷与环形电阻的接触来将这一信息转换为电信号，进而输出给相应的指示器或其他设备进行进一步处理。

2.4.3 迎角传感器

迎角大小与飞机的升力和阻力紧密相关，直接影响着飞机的飞行状态。当飞机的迎角达到临界迎角时，即气流在机翼表面的分离点最大，飞机将发生失速现象，导致升力急剧下降，阻力则显著增加，使飞机失去稳定飞行能力。因此，迎角的准确测量对于飞机的安全飞行至关重要。

在飞机上准确测量真实迎角是相当具有挑战性的任务。由于飞机本身以及迎角传感器对气流都会产生干扰，使飞机上不同位置的气流流场与理想流场存在显著差异。因此，迎角传感器只能够测量出传感器所在位置的气流方向与飞机弦线之间的夹角，即局部迎角。这意味着，即使使用高精度的传感器，我们也只能获得局部而非全局的迎角信息。

随着机翼或机身迎角的改变，机翼上表面和下表面的压力分布将发生变化，使压力重新分配。这种重新分配的压力将使机翼产生一个与迎角大小相关的压力差。因此，我们可以利用这个压力差来准确测量迎角的大小。

迎角传感器根据其敏感方式可分为风标式和探头式两大类，具体结构包括风标式、压差管式和探头式三种，在信号转换方式上又可分为电位计式和同步器式两大类。风标式传感器利用气流对风标的作用来感知迎角变化，压差管式传感器通过测量机翼表面和下表面的压力差来获取迎角信息，探头式传感器则直接感知气流流场中的气动特性来测量迎角。在信号转换方面，电位计式传感器通过将机械运动转换成电信号来获取迎角数据，同步器式传感器则利用同步器将机械转动同步转换成电信号。

1. 风标式迎角传感器

图 2-21 为典型风标式迎角传感器的原理结构图，典型风标式迎角传感器由翼形叶片、放大传动机构和电位计构成。翼形叶片具有对称剖面，能够随着气流的变化而转动。这些叶片与放大传动机构的轴相连，传动机构的另一端则连接着电刷。

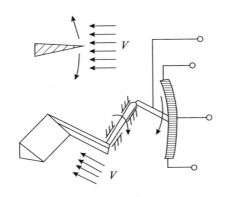

图 2-21　典型风标式迎角传感器原理结构图

风标式迎角传感器的工作原理如下：当翼形叶片中心线平行于迎面气流时（迎角 $\alpha = 0$），作用于叶片上、下表面的压力相等，叶片不转动，电刷处于中立位置，无电信号输出；当飞机在一定的迎角下飞行时，叶片上、下表面所受的气动力会不平衡，使叶片上、下表面之间产生压差，这种压差作用在叶片上，使叶片绕轴旋转，直到叶片的中心线与迎风气流方向一致为止，这样，叶片的转角就对应着飞机当前的迎角；通过放大传动机构，这一转角会被传递给连接着的电刷，从而产生与迎角成比例的电信号输出。风标式迎角传感器因其能够使翼面与气流方向一致而得名。为了确保风标的稳定工作，传感器通常装备有阻尼器，这样可以减缓风标的运动速度，使风标对迎风气流的响应更加平稳。此外，为了防止风标表面结冰影响传感器的正常工作，传感器还会配备加温装置，通过加热风标表面，确保风标始终保持清洁和可靠的工作状态。

风标式迎角传感器一般安放在机头或机翼处。如果必须安放在其他地方，则需经过风洞和飞行试验校正误差。制造良好、安装正确的风标式迎角传感器可达较高精度（如 ±0.1° ~ ±0.2°）。

将具有对称剖面的翼形叶片安装在飞机的对称面中，并允许其绕着平行于机体竖轴的方向转动，这样的设置可以使得传感器不仅可以测量飞机的迎角，还可以测量飞机的侧滑角。

2.压差管式迎角传感器

压差管式迎角传感器由压差管和开口膜盒式压力传感器组成。压差管头部为半球形，在其轴线的对称两边开有两个夹角为 90° 的对称小孔，如图 2-22 所示。开口膜盒式压力传感器包括开口膜盒、放大传动机构和电位计三个部分。

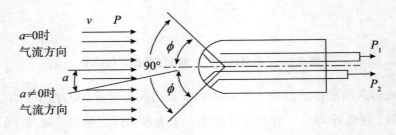

图 2-22　压差管

当压差管轴线与气流方向一致时（迎角 $\alpha = 0$ ），两个小孔所受的压力 P_1 与 P_2 相等。P_1 与 P_2 通过导管分别送到开口膜盒和密封的仪表壳体内，压差 $\Delta P = P_1 - P_2 = 0$ ，电刷处于中立位置，输出信号为零。当气流方向与压差管轴线出现迎角（ $\alpha \neq 0$ ）时，两个小孔所受的压力 P_1 和 P_2 不再相等，$\Delta P = P_1 - P_2 \neq 0$ 。

设总压为 P ，$P_1 = P\cos(\phi + \alpha), P_2 = P\cos(\phi - \alpha)$ 。压差为

$$\Delta P = P_1 - P_2 = P[\cos(\phi + \alpha) - \cos(\phi - \alpha)] = 2P\sin\phi\sin\alpha \quad （2\text{-}33）$$

所以

$$\frac{\Delta P}{P_1} = \frac{2P\sin\phi\sin\alpha}{P\cos(\phi + \alpha)} = \frac{2\sin\phi\tan\alpha}{\cos\phi + \sin\phi\tan\alpha} \quad （2\text{-}34）$$

当 $\phi = 45°$ ，且 α 较小时

$$\frac{\Delta P}{P_1} \approx \frac{2\tan\alpha}{1 + \tan\alpha} \approx 2\alpha \quad （2\text{-}35）$$

即 $\alpha = f\left(\dfrac{\Delta P}{P_1}\right)$ ，表明用压差管与开口膜盒传感器所构成的仪表确实可以测量迎角。

类似于风标式迎角传感器，压差管式迎角传感器的安装位置对迎角测量精度至关重要，必须进行正确选择，尤其是在超声速飞行时更需要注意。

压差管式迎角传感器头部设有五个小孔，其中两个对称孔用于测量迎角，另外两个与其成 $90°$ 的轴线上的对称孔则用于测量侧滑角，最后一个孔则位于中心轴线处，用于测量当时的总压。由于这样的设计，传感器具有五个导管，可以同时传送各自测得的信号，实现了同时测量飞机的迎角和侧滑角的功能。

3.零压差式迎角传感器

零压差式迎角传感器是基于压差管式迎角传感器的技术发展而来的，其构造如图 2-23（a）所示。该传感器主要由敏感部分（探头），变换传动部分（气道、气室和桨叶），输出部分（电刷、电位计）和温控部分（探头、壳体加热器及温度继电器）组成。探头采用圆锥形状，内部设有隔板，两侧各有一排对称排列的出气孔，图 2-23（b）为探头的横截面。这样的设计能够使气流在探头表面产生零压差，从而准确测量飞机的迎角。圆锥形探头通过中空轴连接到变换传动部分，中空轴内设有气道，与气室相连，并固定着桨叶和电刷。当飞机飞行时，空气流经探头的出气孔，形成气流，使探头表面的压力分布均匀，从而实现了零压差。桨叶和电刷与变换传动部分相连，将探头的运动转换为相应的电信号输出，以便飞行员监测飞机的迎角信息。飞行时探头的轴线平行于飞机的横轴 y（若轴线平行于飞机的纵轴 x，则可测出飞机的侧滑角）。

当迎角为零时，两排对称测压孔均正对着迎面气流，夹角相等，受到的压力相等，桨叶不动，无信号输出。当迎角不为零时，两排测压孔受到的压力 P_1 和 P_2 不相等，设 $P_2 > P_1$［见图 2-23（b）］，气流经过气道进入气室，分别作用于等面积的桨叶，产生沿 y 轴负方向的力矩，使桨叶和探头转动，直至压差 $\Delta P = P_2 - P_1 = 0$。此时两排对称测压孔均正对着迎面气流。显然，探头的转角等于飞机当时的迎角；固定在转轴上的电刷也转过相同的角度，并输出与迎角成比例的电信号。

零压差式迎角传感器具有优良的阻尼性能，其输出的电信号稳定、可靠，精度可达 0.1°。传感器的设计只允许锥形探头露在飞机外部，对飞机的附加阻力很小，不会对飞行性能产生明显影响。然而，传感器的结构较为复杂，需要高度精密的装配，这增加了制造成本和装配难度。

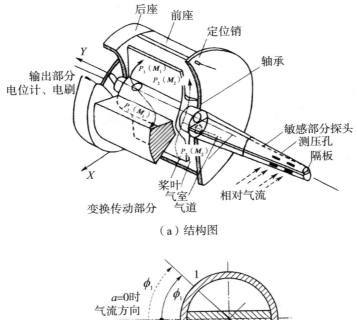

（a）结构图

（b）探头的横截面

图 2-23 零压差式迎角传感器

第3章 无人机导航系统

无人机导航是引导无人机从当前位置或指定航线的一点飞行到另一点的过程，其核心是导航系统。无人机导航主要采用惯性导航、无线电导航、多普勒雷达导航、卫星导航和天文导航等方法。鉴于无人机的载荷限制和对导航精度的高要求，目前无人机主要采用"惯性+卫星"的组合导航模式，即将惯性导航系统与卫星导航系统相结合。惯性导航依靠惯性传感器测量飞行器的加速度和角速度，卫星导航则利用卫星信号确定位置。组合导航系统利用了两种导航方法的优势，提高了导航精度和可靠性，使无人机能够在复杂环境中准确导航并完成任务。

3.1 航空导航系统与技术

3.1.1 高科技装备对导航的要求

随着科学技术的发展，高科技装备越来越多，对导航技术的要求也越来越高。除了安全可靠、体积小、质量轻和造价低廉，现代高科技装备对导航的要求还包括导航精度高、工作范围宽、自主性强、提供的导航参数多和使用条件要宽等几个方面。

3.1.2　主要导航方法简介

航空导航的基本概念是引导飞行器按照预定航线飞向目标,适用于各类飞行器,包括有人驾驶的固定翼飞机、直升机以及无人驾驶飞行器。对于无人驾驶飞行器,导航任务的核心是实时确定飞行器在飞行中的位置,这一过程也被称为定位。在实际应用中,导航包括了多个方面,如路径规划、位置确定、航向控制等。导航系统通常依赖于各种传感器和技术(如全球定位系统、惯性导航系统、地面测向设备等),以提供准确的位置信息和导航指引。对于无人机而言,导航任务的复杂性在于需要在没有人为干预的情况下自动完成航线规划和飞行控制。

获得飞行器位置信息的基本方法有以下三类。

第一,匹配定位方法。匹配定位是一种常用的导航技术,它通过将获取的图像、高度、磁场、重力场等信息与预先存储的数据集进行匹配,从而直接或间接地确定载体的位置。早期的匹配定位方法可以追溯到人工目视导航,即驾驶员观察地面标志物来判定飞行器的位置。目视导航方法虽然简单、直观,但是仅适用于低速小型有人驾驶飞机,并且具有较大的局限性,如在恶劣天气条件下或夜间视野受限时,目视导航的效果会大打折扣。随着技术的不断发展,匹配定位技术得到了极大的提升和拓展。近几十年来,图像匹配、地图匹配、磁场匹配等导航定位技术的出现,为航空导航领域注入了新的活力。图像匹配技术利用航拍图像或卫星图像进行特征提取和匹配,从而实现对位置的确定;地图匹配通过将获取的位置信息与数字地图进行对比来确定当前位置;磁场匹配技术则依靠对地面磁场的测量和分析来辅助导航定位。

第二,航位推算方法。航位推算是一种主要的导航方法,它根据已知的前一时刻飞行器位置和测得的相关参数,能够推算出飞行器当前位置。这种方法的主要特点是完全依靠机载设备,不需要外界的辅助信息,因此不容易受到无线电干扰的影响。航位推算技术的发展使全球导航成为可能,无论在陆地、海洋还是空中,都能够实现准确的位置推算。

第三，几何定位方法。导航系统以地面上已知的点或人造地球卫星作为基准，测量飞行器相对于这些基准点的位置、速度等参数。这些基准点可以是地面上的标志性建筑物、导航台站或者位于太空中的人造地球卫星，如全球定位系统中的卫星。通过测量飞行器与这些基准点之间的距离和方向，导航系统可以推算出飞行器的当前位置，并进一步计算出飞行器的速度和航向等参数。

导航方法根据是否依赖外界信息可分为两大类：自主式和非自主式。自主式导航系统不依赖外界信息，能够在不与外界信号联系的情况下独立完成导航任务。这类系统可通过内部设备和算法进行位置计算和航向控制，具有独立性和自主性。相反，非自主式导航系统则需要地面设备或其他外部装置的支持才能完成导航任务，无法独立工作。这类系统依赖外部信息源（如地面台站或卫星信号），以获取位置和导航参数。自主式导航系统在没有外界支持的情况下能够完成导航任务，适用于各种环境和条件下的导航需求，非自主式导航系统则依赖外部设备的可用性和稳定性，受限于外部环境和设备故障的影响。

航空导航依据其工作原理可分为多种类型，当前主要的导航方法有无线电导航、多普勒雷达导航、卫星导航、惯性导航、天文导航及组合式导航。

1.无线电导航

无线电导航是利用无线电波传播的特性，通过地面无线电导航电台和飞机上的导航设备，测定载体的方位、距离和速度等导航参数以及与预定航线的偏差。通过无线电导航系统，飞行器可以准确地确定自身位置和飞行方向，从而实现精确的导航和航线控制。地面的无线电导航电台会向周围发射无线电信号，而飞机上的导航设备可接收这些信号，并根据接收的信息计算出自身的位置和其他导航参数。按照所测定的导航参数，无线电导航系统可分为以下几种类型。

（1）测角系统。无线电导航系统中的无线电罗盘和伏尔导航系统利用了无线电波在传播过程中的特性，以实现飞行器的导航和定位。无线电罗盘通过环形方向性天线接收地面无线电台发射的信号，并根据信号幅值最小的位置调整天线的方向，从而测定地面无线电台的航向。这种系统能够提供准确的航向信息，帮助飞行员确定飞行器的方向。伏尔导航系统则可利用地面导航台发射迅速旋转的方向图，根据飞机不同位置接收的无线电信号相位的不同，系统可以判定地面导航台相对于飞机的方位角。

（2）测距系统，如无线电高度表和测距仪。这种无线电导航系统利用了无线电波恒速直线传播的特性，通过在飞机和地面导航台上各安装一套收发机来实现。在系统工作时，飞机向地面导航台发送询问信号，地面导航台接收信号后会迅速回复应答信号。由于无线电波的传播速度是恒定的，因此飞机接收的应答信号相较询问信号会有一定的时间滞后，这个时间差可用来测量飞机与导航台之间的距离。在这种系统中，测量得到的位置线是一个圆圈，这意味着当飞机与地面导航台的距离相同时，测得的收发信号时间差也是相同的。根据飞机相对两个地面导航台的两条圆位置线的交点，我们可确定飞机的位置，如图 3-1 所示。定位的双值性可用第三条圆位置线来消除。

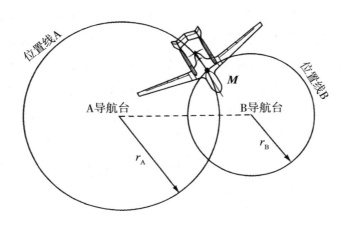

图 3-1　测距法定位导航

（3）测距差系统。测距差系统即双曲线无线电导航系统，如罗兰C导航系统和奥米加导航系统就采用了一种基于双曲线位置线定位的机理。这些系统利用飞机到两个导航点的距离差为恒定值的特性，将位置线定义为双曲线。在这种系统中，飞机的位置可以通过两条双曲线的交点来确定，这个交点是唯一的，从而实现了飞机的准确定位。

（4）测速系统，如多普勒导航系统。测速系统利用多普勒效应测量飞机的速度信号，并将其与航姿系统输出的航向、俯仰和倾斜角信号一并送入导航计算机内处理。通过计算地速矢量，系统可以对地速进行积分，从而确定飞机的航程和位置。这种定位原理属于航位推算法，即根据飞机在前一时刻的位置和速度信息，通过数学推算来确定当前时刻的位置。

（5）测角测距系统，如塔康导航系统和伏尔测距导航系统等。通过测量飞机与地面导航台的距离和方位，我们可以确定飞机的位置。地面导航台的位置是已知的，因此知道飞机与导航台之间的距离和方位后，我们就可以利用几何原理来计算飞机的位置。这种方法利用三角测量原理，通过飞机与至少三个地面导航台的通信，可以得出飞机相对于这些导航台的距离和方位信息。

无线电导航系统根据作用距离的不同分为近程无线电导航系统、远程无线电导航系统和超远程无线电导航系统。近程无线电导航系统适用于距离不超过400 km的航行，能够为短距离飞行提供导航支持；远程无线电导航系统可覆盖400 km至数千千米的距离，适用于中长距离飞行，能够提供更广泛的导航覆盖；而超远程无线电导航系统能覆盖1万千米以上的距离，为远距离飞行提供精确导航。这些导航系统根据飞行任务的不同需求，提供了不同范围的导航服务，确保了飞行器在不同距离范围内的安全飞行和准确导航。

2.多普勒雷达导航

多普勒雷达导航是一种利用多普勒效应进行导航的特殊无线电系统，

它通过测量飞机速度变化引起的多普勒频移，来获取飞机相对地面的速度，即地速。这一系统的工作原理利用了飞机发射的无线电波与地面反射的波之间的频率变化，通过测量这种频率变化，系统可以精确计算出飞机相对地面的速度。具体而言，多普勒雷达导航系统会将飞机上的航向系统输出的航向角与测得的地速信息相结合，通过将地速分解为沿地理北向和东向的速度分量，系统可以准确确定飞机的位置，并且完成导航任务。这种系统属于航位推算定位系统的一种，其主要特点是不依赖外界信息，可以独立完成导航任务，具有较高的抗干扰能力和全球导航的能力。

多普勒雷达导航系统是一种无须依赖地面台的自主性导航系统，具有一些显著的优点和一些固有的缺点。多普勒雷达导航系统的主要优点之一是其自主性强。由于不需要依赖地面台，这种系统能够独立完成导航任务，不受外界条件的限制，具有较高的灵活性和适应性。该系统也存在一些缺点。为了实现导航功能，系统必须发射电波，这就使系统容易受到外界干扰并暴露自身位置。定位精度受到反射面形状的影响较大，特别是在海面和沙漠等地区，反射性较差会降低系统的工作性能。多普勒雷达导航系统的导航精度还受到雷达天线姿态的影响。当飞机接收不到反射波时，系统可能会完全丧失工作能力，无法准确测量飞机的位置和速度。这种情况可能会在某些特定的环境或操作条件下发生，影响系统的可靠性和稳定性。

3. 卫星导航

卫星导航系统在近几年来以惊人的速度迅速发展，并成为一种广泛应用的导航方式。目前，广泛应用的卫星导航系统包括美国的 GPS 全球定位系统、俄罗斯的 GLONASS 全球导航系统以及中国的北斗卫星导航系统。这些卫星导航系统利用了无线电波的直线传播特性和等速性，通过卫星与接收器之间的距离来实现定位和测距。具体而言，系统中的卫星可发射信号，接收器通过接收这些信号并计算信号的传播时间来确定自身与卫星的距离。通过多颗卫星的信号交叉定位，接收器可以确定自身的位置坐标。除了定位功能，卫星导航系统还可以利用多普勒频移来测量载体的速度。多普勒频移是载体与卫星之间相对运动引起的频率变化，通过测量这种频率变化，我们可以得知载体的速度信息。这种方式使卫星导航系统不仅能够提供准确的位置信息，还能够实现对速度的测量，从而完善了导航系统的功能。

卫星导航由导航卫星、地面站和用户设备（也常称为接收机）三大部分组成，具有以下优点和缺点。

优点：导航精度很高，适于全球导航；用户设备简单、价格低廉，应用领域十分广泛。

缺点：第一，需要大量的地面站支持，这使卫星导航成为一种被动式导航系统，对地面基础设施的依赖性较强；第二，由于电波在传播过程中容易受到各种干扰的影响，导致用户设备有时接收不到足够数量的导航卫星信号，从而无法进行定位计算，影响了导航的准确性和可靠性；第三，卫星导航系统的数据更新频率相对较低，通常每秒只有一次到数次的更新，这对于一些需要高精度定位的应用场景（如高精度武器火控系统解算和飞行器实时控制等），可能无法满足要求，这种低更新频率可能导致定位信息的延迟，从而影响实时控制和决策的准确性和及时性。

卫星导航系统是现代导航技术的重要组成部分，其应用范围涵盖了航空、航海、陆地交通等多个领域。然而，卫星导航系统的精度受到多种因素的影响，其中包括卫星星历误差、卫星时钟误差、多路径效应以及接收机时钟误差等。为了减小这些误差，差分技术成为一种有效手段。差分 GPS（DGPS）是其中的一种应用，其基本原理利用了距离相近的接收机误差相近的特点。在已知位置处设置一个差分基准接收机（也称为基准站），该基准站与标准的 GPS 接收机一样可进行码基 GPS 伪距测量，由于其位置已知，因此可以测量出与实际位置的偏差。这些偏差包含了伪距测量过程中的误差，如电离层和对流层延迟以及接收机时钟对

GPS 系统时的偏差。这些偏差通过地面差分数据链电台发送给装载在飞机上的机载差分数据链电台。机载差分数据链电台接收这些校正量，并通过数据总线传给飞机上的 GPS 接收机。GPS 接收机通过应用这些差分校正量，可以大幅提高测量精度。在实际使用过程中，DGPS 的定位精度可以达到 1~3 m，相比之下，如果不使用 DGPS 技术，定位误差通常会在 10 m 以上。

4. 惯性导航系统

惯性导航系统是一种自主式导航设备，其核心原理是通过测量飞机的加速度和角速度来确定飞机的速度和位置，从而实现导航功能。这种系统不依赖外部信号，具有较高的自主性和可靠性。惯性导航系统通常由惯性测量装置、导航计算机和控制显示器组成。惯性测量装置包括加速度计和陀螺仪，又称为惯性组合。加速度计用于测量飞机的加速度，而陀螺仪用于测量飞机的角速度，两者的测量结果可以推算出飞机的速度和位置。惯性测量装置中通常有三个陀螺仪和三个加速度计，分别对应飞机的三个转动运动和三个平移运动。这些测量装置会不断地输出数据，并将数据传输给导航计算机进行处理。导航计算机根据接收的加速度和角速度信号，通过积分运算计算出飞机的速度、位置以及其他导航参数。控制显示器则用来显示各种导航参数，使飞行员能够及时了解飞机的位置和状态。这些导航参数可以包括速度、位置、航向、高度等信息，为飞行员提供重要的导航参考。

5. 天文导航系统

天文导航系统是一种利用天体来确定飞行器位置和航向的导航装置，它由多个组件组成，其中最主要的是星体跟踪器（也称为星敏感器）。星体跟踪器的功能是通过扫描对星体进行搜索，并在找到星体后立即转入跟踪状态。一旦跟踪到星体，星体跟踪器便能够测量出星体的高度角和方位角，这些数据对确定飞行器的位置和航向至关重要。除了星体跟踪器，天文导航系统通常还包括惯性平台、计算机、信息处理器和标准时间发生器等组件。惯性平台用于测量飞行器的加速度和角速度，能够提供额外的导航参数。计算机负责处理收集到的数据，并进行位置和航向的计算。信息处理器用于处理导航系统的输出，并将结果传递给飞行器的其他系统。标准时间发生器则可提供系统所需的准确时间信息，以确保导航计算的准确性和精度。

天文导航系统是一种自主式的导航系统，其工作原理利用了天体的坐标位置和运动规律来确定飞行器的位置和航向。系统通过测量天体相对于飞行器参考基准面的高度角和方位角，从而计算出飞行器的位置和航向。与其他导航系统相比，天文导航系统具有许多优势：第一，天文导航系统不需要地面设备的支持，因此可以在任何地点和环境下进行导航；第二，天文导航系统不向外界辐射能量，不易被探测到，具有良好的隐蔽性；第三，天文导航系统不受人工或自然形成的电磁场干扰，因此具有较高的稳定性和可靠性；第四，天文导航系统的定位精度高，定位误差与时间无关，这意味着在系统长时间工作的情况下，导航精度不会随时间的推移而降低。

6. 组合式导航系统

组合式导航系统是为了提高导航精度、工作范围和可靠性而将两种或多种导航系统相结合的一种导航方案。不同于单一导航系统，组合式导航系统综合利用了各个导航系统的优势，并通过相互补充和校正来弥补各自的缺陷。目前，以惯性导航系统为基础构成的组合式导航系统应用十分广泛。这些系统包括惯性－多普勒导航系统、惯性－奥米加导航系统、惯性－天文导航系统、惯性－卫星组合导航系统等。组合式导航系统具有如下几种功能。

（1）协同功能：利用各导航分系统的信息，形成分系统所不具备的导航功能。

（2）相互补偿功能：组合后的导航功能虽然与各分系统的导航功能

相同，但它能够综合利用分系统的特点，从而扩大了使用范围，提高了导航精度。

3.2　惯性导航系统

3.2.1　惯性导航的概念及分类

惯性导航系统是一种利用牛顿力学原理建立起来的导航系统。惯性导航系统中有两个重要的传感器——陀螺仪和加速度计，统称为惯性器件。这些器件通过测量飞行器的转动和加速度，能够提供关键的导航信息。在惯导系统中，所有的力学方程都是基于牛顿力学原理建立的。牛顿力学将惯性空间作为参考系，因此惯导系统也被称为"惯性导航"。惯性导航系统不依赖外部参考，其运行不受外界干扰，具有高度的自主性和稳定性。

无人机导航需要建立一个三轴正交的坐标系，以便准确测量飞行器的运动状态并计算其位置和速度。在这个坐标系中，每个轴代表着一个特定的方向，通常标识为 X 轴、Y 轴和 Z 轴，分别对应飞行器的前后、左右和上下运动方向。为了建立这个坐标系，我们首先需要确定一个参考点，通常选择飞行器的重心作为参考点，并以其为原点建立坐标系。然后，我们需要确定三个相互垂直的轴线，分别沿飞行器的前后、左右和上下方向。这些轴线构成了飞行器的局部坐标系，用于描述飞行器的运动状态。在建立坐标系之后，我们还需要提供飞行器运动的初始条件，包括初始位置、速度和姿态。这些初始条件可以通过惯性导航系统、GPS 等传感器测量得到，并用于导航计算中。例如，加速度计等传感器可测量飞行器的运动加速度，加速度是导航计算的关键参数之一，是一个三维空间中的矢量，表示飞行器在各个方向上的加速度变化情况。通过对加速度进行测量和积分运算，我们可以计算出飞行器在任意时刻的速度和位置。

无人机导航需要解决两个关键问题。一是建立导航参考系，该参考系必须与地平坐标系保持稳定，这样才能确保导航参数的准确性。为了实现这一点，我们通常会采用陀螺稳定平台。陀螺稳定平台通过陀螺仪测量飞行器的角运动，并通过一套控制系统对平台进行稳定，使其不受飞行器运动的影响而相对地平保持稳定。在稳定的导航参考系中测量飞行器的运动状态，可为后续导航计算提供准确的基础。二是测量坐标轴向的加速度，这是获取导航参数的关键之一。为了实现这一目标，我们需要在飞行器的三个坐标轴方向上安装三个加速计。这些加速计可以测量飞行器在各个方向上的加速度变化情况，从而为导航计算提供必要的数据。通过对这些加速度数据进行处理和积分运算，我们可以得到飞行器在任意时刻的速度和位置信息，从而实现导航参数的精确计算。

无人机的惯性导航系统是一种重要的自主式导航设备，其工作原理利用了惯性敏感元件的测量。通过惯性测量装置（包括加速度计和陀螺仪），系统可以准确地测量飞行器相对于惯性空间的线性运动和角运动参数。在给定初始条件下，计算机可以利用这些参数计算出飞行器的速度、位置等导航参数，同时测量或计算飞行器的姿态和航向，以实现对飞行器的引导和控制，确保飞行器完成预定的航行任务。惯性导航系统具有诸多优点：第一，该系统由于不依赖任何外界信息即可测量出导航参数，因此具有出色的隐蔽性和抗干扰能力，这意味着无人机可以在各种环境条件下（包括恶劣天气或电磁干扰环境下）依然能够稳定、可靠地完成导航任务；第二，惯性导航系统不受时间和地理位置的限制，能够全天候工作，确保了导航的连续性和持续性，这使无人机在执行长时间任务或需要长距离飞行时，依然能够保持准确的导航性能。

无人机的惯性导航系统是其自主式导航的核心组成部分，通常由惯性测量装置、计算机和控制显示器等部分组成。惯性测量装置是该系统的核心组件之一，包括加速度计、陀螺仪或包含陀螺仪的三轴陀螺稳定平台。这些装置主要负责测量飞行器的运动加速度，并通过陀螺仪建立坐标基准，为后续的导航计算提供准确的数据支持。计算机是惯导系统的智能核心，它能根据给定的初始条件和测得的加速度信息，通过一系列复杂的算法计算出飞行器的速度、位置等关键导航参数。此外，计算机还负责进行惯性器件校准、系统工作状态监控等重要任务，以确保导航系统的正常运行和准确性。控制显示器则承担着指挥与监控的任务。控制部分用于输入初始条件和其他控制指令，以调节系统运行状态；显示部分则用于展示各种导航参数，为操作员提供必要的信息反馈。对于无人机而言，惯导系统的控制显示功能通常由地面站实现，地面操作员可以通过地面站对无人机的惯导系统进行监控和调节，确保其正常运行和导航准确性。

惯导系统在飞行器导航中可分为平台式和捷联式两种，这是根据导航参考系或加速度测量基准建立的方式划分的。平台式惯导系统采用陀螺稳定平台建立加速度测量基准，其核心部件是三轴陀螺平台（也称为惯导平台），能够相对水平坐标系保持稳定。平台式惯导系统中的惯性测量装置被安装在惯导平台上，而惯导平台能直接输出飞行器的姿态角和航向角。这种结构使加速度计和陀螺仪与飞机的角运动相互隔离，从而提供了较好的工作条件，保证了导航参数的准确性和稳定性。捷联式惯导系统则是将加速度计和陀螺仪与机体固连，先利用陀螺仪测量飞行器相对惯性空间的角运动，再运用数学方法计算出机体与导航参考系之间的坐标转换关系。这一转换关系可将加速度计的测量值投影到导航参考系中，利用数学方法实现了导航参数的计算。在捷联式惯导系统中，机体与导航参考系之间的坐标转换关系起到了陀螺平台的作用，因此也被称为"数学平台"。

无人机上的惯性导航系统与一般飞机的惯性导航系统在原理上没有本质差别，但在结构组成和使用方式上存在显著差异。无人机惯导系统通常不配备显示部件，导航参数通过数据总线传输给飞行控制系统。相比之下，一般飞机的惯导系统可能配有显示器，可以直接显示导航参数。由于无人机上没有飞行员，因此飞机上一般没有操作惯导系统的装置。在飞行前的准备阶段，对惯导系统的监控和操作通常由无人机地面综合检测台或检测车完成。这些设备可以实现对惯导系统的监测、校准和诊断，确保其正常工作。在结构方面，无人机的惯导系统通常设计得更紧凑、质量更轻、体积更小。

3.2.2 惯性导航系统的特点及其发展

1.惯性导航系统的主要特点

惯性导航系统的主要优点包括：第一，自主性强，可不依靠任何其他地面或空中的设备提供的信息而独立地完成导航功能，这是惯性导航最重要，也是最吸引人的一个特点；第二，在一定时间内导航精度较高；第三，测量的参数多，可以提供包括速度、加速度、姿态角、转动角速度以及角加速度在内的全部导航信息；第四，提供的信息分辨率高、实时性好，工作周期一般小于 50 ms，能满足飞机实时控制的要求。

惯性导航系统虽然在无人机中具有重要作用，但也存在一些不足之处。第一，惯性导航系统对惯性元件（如陀螺仪和加速度计）的要求较高，这可能增加无人机的制造和维护成本。第二，由于存在多种误差源和算法的限制，惯性导航系统的导航精度随着时间的推移逐渐降低，这可能影响飞行器的长时间导航和定位准确性。

根据前面的介绍，各种主要导航方法都各有优劣，无法单独满足现代高科技设备对导航技术的要求。然而，组合不同导航设备成为一体的组合式导航系统能够充分发挥其他导航系统各自的优点，从而提高导航精度和可靠性。在导航精度、自主性和提供导航参数的全面性等方面，惯性导航相对其他导航方法具有独特的优越性，这使以惯性导航系统为主的组合式导航系统成为一种重要的选择。因此，将惯性导航系统与其他导航设备相结合，可以弥补各自的不足，提高整体导航性能。目前，人们已研制出多种以惯性导航系统为主的组合式导航系统，这些系统结合了惯性导航系统的高精度和自主性以及其他导航系统的优势，如卫星导航系统的全球覆盖、地面导航系统的参考基准、无线电导航系统的实时性等。通过组合不同的导航设备，这些组合式导航系统能够在不同的环境和任务中提供可靠的导航支持，为无人机的航行和任务执行提供坚实的技术保障。

2. 惯性导航系统的发展

惯性导航系统在发展历程中经历了不同类型陀螺仪的应用阶段。最初，惯性导航系统使用的是滚珠轴承式框架陀螺仪。这种陀螺仪通过滚珠轴承支撑转子，能够稳定地测量飞行器的姿态和角速度，是早期惯性导航系统的重要组成部分。

1942 年，德国 V-2 火箭采用两个二自由度位置陀螺仪来控制箭体的姿态和航向，并通过一个加速度计测量沿箭体纵轴方向的加速度，形成了第一个实际使用的惯性制导系统。这一系统的出现引起了发达国家的高度重视，进一步推动了惯性导航技术的研究与发展，使其达到了前所未有的新高度。

利登公司开发了结合液浮陀螺仪和摆式加速度计的平台式惯导系统，称为液浮陀螺惯导系统，成为航空惯导技术的典型代表。

20 世纪 60 年代，动力调谐式挠性陀螺仪研制成功，挠性加速度计代替了液浮摆式加速度计。

1966 年，挠性陀螺惯导系统由美国基尔福特公司研制成功，广泛应用于飞机和导弹。这为后来的美国利登公司的军用 L.N-39 和民用 LTN-72 提供了基础。

20 世纪 70 年代，在利用高压静电场支承球形转子取代机械支承的静电陀螺仪研制成功后，核潜艇和远程飞机上先后开始装备静电陀螺平台式惯导系统。

20 世纪 80 年代末至 20 世纪 90 年代初，激光陀螺仪和光纤陀螺仪的发展推动了捷联式惯导系统的迅速普及与应用。利登公司和霍尼韦尔公司分别推出了环形激光陀螺捷联惯导系统，成为当时航空惯导的典型代表。

20世纪90年代，惯性技术迎来了重大突破。在元件方面，微机械结构惯性器件（也称为固态惯性器件）得到了显著发展。同时，惯导系统与全球定位系统的广泛结合应用，以及与其他导航系统的双重和多重组合，使惯性导航在技术方面取得了巨大进展。

21世纪以来，新技术的涌现给惯性导航系统带来了巨大的变革和发展。新型陀螺仪技术的出现，使传统惯性传感器面临着前所未有的挑战，特别是微机械惯性器件的逐渐成熟。通过与卫星导航、数字地图等技术的融合，微机械惯导系统已经开始进入民用和军用领域。在新技术的推动下，集成光学陀螺芯片、原子陀螺等微型陀螺仪的研究也取得了重大进展，为惯导系统的发展注入了新的活力。这些新型陀螺技术具有体积小、精度高、可靠性强的特点，极大地拓展了惯导系统在各个领域的应用范围。未来可以预见，芯片级惯导系统将逐渐应用于手机、车辆导航系统等智能设备以及武器装备中，这将极大地提升这些设备的定位精度和导航能力，为现代科技的发展和应用提供更为可靠和精准的支持。

在认识到惯性导航系统的重要性的同时，我们也需要意识到其存在的不足之处。其中主要的问题之一就是随着飞行时间的增加，误差逐渐积累，导致导航精度不断下降。为了解决这一问题，人们陆续提出了多种以惯性导航为主的组合式导航系统。这些系统结合了无线电导航系统（如塔康、罗兰、奥米加），天文导航系统以及卫星导航系统等多种导航设备的优点，以校正惯性导航系统的积累误差，从而保证了导航精度和导航工作的可靠性。

惯性导航系统的故障很大程度上来自机械部件的磨损、变形等问题，导致惯性器件性能下降或机械故障。为了应对这一挑战，捷联式惯导系统采用微光陀螺仪替代了传统的由马达驱动的机械陀螺仪，同时去除了复杂的稳定平台，从而大大提高了系统的可靠性。特别是采用激光陀螺仪的捷联式惯导系统，它在可靠性方面表现更为出色，相比采用机械陀螺仪的平台式惯导系统，具有明显的优势。在实践中，GPS 与激光捷联惯导系统的组合被广泛认为是目前较好的导航选择。通过将惯导系统与卫星导航系统（如 GPS、GLONASS 或北斗）相结合，飞行器能够充分利用卫星导航信号来提高导航精度和可靠性。

我国航空惯性导航系统的研制始于 20 世纪 70 年代，经历了多年的不懈努力和技术攻关。在这一过程中，我国航空惯性导航系统经历了从液浮陀螺仪和加速度计到挠性和光学惯性器件的演进，从平台式惯导系统到捷联式惯导系统的转变，以及从纯惯性导航到惯性与卫星组合导航的发展。这一漫长的历程见证了我国航空惯性导航技术的不断创新和进步以及从最初的技术积累到如今的技术成熟与广泛应用。

3.2.3　惯导系统中运动参数的计算

惯导系统的速度（地速）是由对地加速度经积分运算得到的。假设测得的东向加速度为 a_E（加速度的东向分量），北向加速度为 a_N（加速度的北向分量）。我们对 a_N 和 a_E 分别进行积分运算，可以算出无人机的两个地速分量 v_E 和 v_N，即

$$\begin{cases} v_N = \int_0^t a_N \, \mathrm{d}t + v_{N0} \\ v_E = \int_0^t a_E \, \mathrm{d}t + v_{E0} \end{cases} \quad (3-1)$$

一般来说，无人机滑跑起飞前应使惯导系统进入正常工作状态（导航工作状态），此时初始速度为零。

纬度和经度是描述地球表面位置的重要参数，其变化率与物体的运动状态密切相关。对于无人机而言，无人机在沿着子午线（即南北方向）运动时，会引起纬度的变化。这是因为无人机的运动会使无人机在地球表面上的位置发生变化，而纬度正是用来描述地球表面位置南北方向的

参数。类似地，经度的变化则与无人机沿着纬线（即东西方向）的运动相关。

角速度是一个矢量，表示物体在单位时间内绕某一固定轴的旋转角度的变化率。角速度的大小通常用希腊字母 ω 表示。角速度的方向遵循右手定则：当右手的四指指向旋转方向时，伸出的大拇指所指的方向即为角速度的方向。线速度（又称为切线速度或周速度）是物体在做圆周运动或旋转运动时，物体沿运动轨迹的切线方向的速度，用 v 表示。线速度描述的是物体在单位时间内沿圆周路径移动的距离。经度和纬度可由各自的变化率积分得到，若一个物体做圆周运动，其角速度大小等于线速度大小除以圆的半径，如图 3-2 所示。

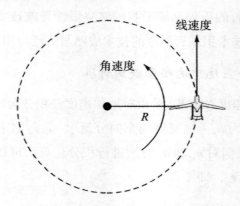

图 3-2　角速度与线速度的关系

我们用 R 表示地球半径，用 φ 表示无人机所处纬度，则纬度变化率 φ 与北向速度 v_N 的关系为

$$\varphi = \frac{v_N}{R} \tag{3-2}$$

无人机在沿纬线（东西方向）运动时会造成经度的变化。此时无人机运动轨迹是一个半径为 $R\cos\varphi$ 的圆，如图 3-3 所示，所以经度变化率 λ 与东向速度 v_E 的关系为

$$\lambda = \frac{v_E}{R\cos\varphi} \qquad (3-3)$$

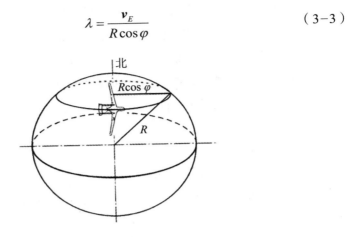

图 3-3　无人机沿东西方向运动时的轨迹

这样，无人机飞行过程中的经度 λ 和纬度 φ 可由北向速度和东向速度计算，即

$$\begin{cases} \varphi = \int_0^t \frac{v_N}{R}\mathrm{d}t + \varphi_0 \\ \lambda = \int_0^t \frac{v_E}{R\cos\varphi}\mathrm{d}t + \lambda_0 \end{cases} \qquad (3-4)$$

对于垂线方向的导航参数 v_H 和 H 可按同样原理求得，即

$$\begin{cases} v_H = \int_0^t a_H \mathrm{d}t + v_{H0} \\ H = \int_0^t V_H \mathrm{d}t + H_0 \end{cases} \qquad (3-5)$$

式中，a_H 为无人机沿平台方位轴的垂直加速度；v_{H_0} 为无人机的初始垂直速度；H_0 为初始高度；H 为任意时刻的飞行高度。

尽管经度、纬度和高度都是通过积分运算得到的，但它们的误差特性却各不相同。经度和纬度的误差表现为振荡变化，即随着惯导系统长时间运行，这些误差会在一段时间内增大，然后在另一段时间内减小，但总体趋势是增大的，这是由于积分运算的影响。这种误差特性需要在导航系统设计和使用中加以考虑，以确保导航精度和可靠性。一般来说，航空惯性导航系统工作 1 h 后的误差在 1 nmile 左右。高度误差则不同，它的变化非常快。假设高度方向加速度的测量误差（用 Δa_H 表示）基本不变，那么高度误差随时间的变化为

$$\Delta H = \frac{1}{2}\Delta a_H t^2 \tag{3-6}$$

从式（3-6）可以看出，随着时间的推移，高度误差的增长速度越来越快。这表明，纯惯性高度通道是不稳定的，无法单独用于导航工作。在进行高度解算时，惯导系统通常需要引入大气压力高度或卫星导航系统提供的高度信息，以构成混合高度系统，提高高度测量的准确性和可靠性。根据上述内容可知，惯导系统计算运动参数的基础是测量对地加速度。然而，加速度计并不能直接测量绝对加速度，其输出是比力。为了获得绝对加速度，我们需要从加速度计的输出中减去引力加速度分量。而对地加速度的获取更为复杂，我们需要进一步扣除地球自转和飞机绕地球运动引起的附加加速度。

3.2.4 惯性导航的基本方程

惯性导航基本方程描述的是加速度计输出（比力）与对地加速度之间的关系，目的是获得准确的地加速度。如图 3-4 所示，我们选地心惯性坐标系 $O_{x_i y_i z_i}$ 为基准参考坐标系，用 $\boldsymbol{\Omega}$ 表示地球坐标系 $O_{x_e y_e z_e}$ 绕地轴相对惯性系的自转角速度矢量。取导航坐标系（用 n 表示）的原点与飞机的重心重合，用矢量 $\boldsymbol{R}$ 表示飞机重心（即导航系原点）在地心惯性系的位置矢量。

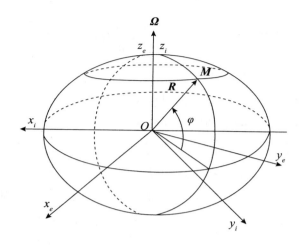

图 3-4　飞机重心在地心惯性系的位置矢量

根据科氏定理，位置矢量 $\boldsymbol{R}$ 相对惯性坐标系的速度为

$$\left.\frac{\mathrm{d}\boldsymbol{R}}{\mathrm{d}t}\right|_i = \left.\frac{\mathrm{d}\boldsymbol{R}}{\mathrm{d}t}\right|_e + \boldsymbol{\omega}_{ie} \times \boldsymbol{R} = \left.\frac{\mathrm{d}\boldsymbol{R}}{\mathrm{d}t}\right|_e + \boldsymbol{\Omega} \times \boldsymbol{R} \qquad （3-7）$$

式中，$\left.\dfrac{\mathrm{d}\boldsymbol{R}}{\mathrm{d}t}\right|_i$ 和 $\left.\dfrac{\mathrm{d}\boldsymbol{R}}{\mathrm{d}t}\right|_e$ 分别表示 $\boldsymbol{R}$ 在惯性系和地球系中对时间的导数，即飞机的绝对速度和相对速度。我们用 $\boldsymbol{v}_{en}$ 表示导航系相对地球系的速度，也就是飞机的地速，即

$$\boldsymbol{v}_{en} = \left.\frac{\mathrm{d}\boldsymbol{R}}{\mathrm{d}t}\right|_e \qquad （3-8）$$

这样，式（3-7）可写成

$$\left.\frac{\mathrm{d}\boldsymbol{R}}{\mathrm{d}t}\right|_i = \boldsymbol{v}_{en} + \boldsymbol{\Omega} \times \boldsymbol{R} \qquad （3-9）$$

将式（3-9）两边在惯性系中再进行一次对时间的求导，就得到飞机相对惯性空间的加速度 $\boldsymbol{a}_{in}$：

$$a_{in} = \frac{\mathrm{d}^2 \boldsymbol{R}}{\mathrm{d}t^2}\bigg|_i = \frac{\mathrm{d}\boldsymbol{v}_{em}}{\mathrm{d}t}\bigg|_i + \frac{\mathrm{d}}{\mathrm{d}t}(\boldsymbol{\Omega} \times \boldsymbol{R})\bigg|_i \qquad (3-10)$$

在惯性导航系统中，对地加速度和地速是在导航系（ n 系）中计算的，也就是说动坐标系是导航系，我们是在随飞机运动的导航系而不是在地面上的固定点对飞机的运动进行观察（测量）的。飞机在沿某个航向等高度、等速飞行时，飞机对地加速度在 n 系各轴的分量为零，地速在 n 系各轴的分量为恒定值。在飞机运动中，观察者位于地球上的固定位置时，飞机的运动看起来并非沿直线进行。在地球坐标系中观察时，飞机的速度是变化的，因此飞机会受到加速度的影响。这与"飞机沿某个航向等高度、等速飞行"的描述不一致。要正确计算飞机的运动参数，我们必须在导航系中测量地速的变化。如果在地面观察飞机运动，我们就需要进行必要的坐标变换和相关运算，以获得正确的飞机运动参数。这意味着我们需要将地面观测值转换到飞机所处的导航系中，才能准确地描述飞机的运动状态和参数。

基于上述分析，对地加速度是地速在导航系中对时间的导数，即

$$\dot{\boldsymbol{v}}_{en} = \frac{\mathrm{d}\boldsymbol{v}_e}{\mathrm{d}t}\bigg|_n \qquad (3-11)$$

于是，式（3-10）第二个等号右边第一项可分解为

$$\frac{\mathrm{d}\boldsymbol{v}_{en}}{\mathrm{d}t}\bigg|_i = \frac{\mathrm{d}\boldsymbol{v}_{en}}{\mathrm{d}t}\bigg|_n + \boldsymbol{\omega}_{in} \times \boldsymbol{v}_m = \dot{\boldsymbol{v}}_{em} + (\boldsymbol{\Omega} + \boldsymbol{\omega}_{en}) \times \boldsymbol{v}_{em} \qquad (3-12)$$

因地球自转角速度 $\boldsymbol{\Omega}$ 为常量，式（3-10）第二个等号右边第二项可分解为

$$\frac{\mathrm{d}}{\mathrm{d}t}(\boldsymbol{\Omega} \times \boldsymbol{R})\bigg|_i = \boldsymbol{\Omega} \times \frac{\mathrm{d}\boldsymbol{R}}{\mathrm{d}t}\bigg|_i \qquad (3-13)$$

将式 (3-9) 代入式 (3-13)，得

$$\frac{\mathrm{d}}{\mathrm{d}t}(\boldsymbol{\Omega} \times \boldsymbol{R})\bigg|_i = \boldsymbol{\Omega} \times (\boldsymbol{v}_{cm} + \boldsymbol{\Omega} \times \boldsymbol{R}) = \boldsymbol{\Omega} \times \boldsymbol{v}_{em} + \boldsymbol{\Omega} \times (\boldsymbol{\Omega} \times \boldsymbol{R}) \qquad (3-14)$$

将式 (3-12) 和式 (3-14) 代入式 (3-10)，就得到飞机相对惯性空间的加速度：

$$a_{in} = v_{en} + \left(2\Omega + \omega_{en}\right) \times v_{in} + \Omega \times \left(\Omega \times R\right) \tag{3-15}$$

根据比力式，有

$$a_{in} = f + G \tag{3-16}$$

重力加速度与引力加速度之间存在如下关系：

$$g = G - \Omega \times \left(\Omega \times R\right) \tag{3-17}$$

由式 (3-15)~ 式 (3-17)，有

$$f = \dot{v}_{en} + \left(2\Omega + \omega_{en}\right) \times v_{en} - g \tag{3-18}$$

式（3-18）就是飞机相对地球运动时，加速度计测得比力的表达式，称为比力方程。式中，$2\Omega \times v_{en}$ 为科氏加速度；$\omega_{en} \times v_{en}$ 则是由于飞机围绕地球运动 (转动) 所产生的向心加速度。

由式 (3-18) 可得

$$v_{en} = f - \left(2\Omega + \omega_{en}\right) \times v_{en} + g \tag{3-19}$$

式（3-19）描述了由加速度计测量的比力、飞机运动参数（地速 v_{en} 相对地球的转动角速度 ω_{en}）以及地球自转角速度和重力加速度计算飞机对地加速度的方法。对地加速度 v_{en} 积分后得到地速，对地速进行积分运算即得到飞机在地球上的位置。比力方程是惯性导航系统关于加速度测量的一般表达式，通常称为惯性导航基本方程。

3.3 平台式与捷联式惯性导航系统

3.3.1 平台式惯性导航系统

1.基本概念

（1）平台式惯导系统的基本组成。无人机平台式惯导系统包括加速度计、惯导平台（含陀螺仪）、导航计算机和控制显示装置。各部分的作用如下。

①加速度计。加速度计安装在惯导平台上，用来测量无人机的运动加速度。

②惯导平台(包括平台、陀螺仪和稳定回路)。无人机的惯导平台主要功能是支撑加速度计，并为其提供测量坐标基准，以确保在惯性空间或地平坐标系中的稳定性。此外，惯导平台还能提供飞行器的姿态和航向信号。加速度计通过惯导平台的支持，能够准确地测量无人机的加速度，从而帮助导航计算机准确计算飞行器的位置和航向。惯导平台的稳定性对于保持飞行器的姿态和航向至关重要，可以抵消外界干扰，确保飞行器在飞行过程中保持稳定。

③导航计算机。导航计算机负责接收控制指令、计算导航参数，并进行惯性器件校准和系统状态监控。控制指令通过系统传达给飞行器，导航参数计算可确保准确的飞行路径，惯性器件校准能够保证系统的准确性，状态监控可确保系统正常运行。

④控制显示装置。无人机的控制显示装置能够提供工作方式选择和输入数据（包括初始条件），以进行导航计算，并显示导航参数。

（2）平台式惯导系统的类型。根据所建立的导航坐标系的不同，无人机的平台式惯导系统可分为空间稳定平台式惯导系统和当地水平平台式惯导系统两种。空间稳定平台式惯导系统的惯导平台能够与惯性空间保持相对稳定，用以建立惯性坐标系，这种类型的平台式惯导系统常见于运载火箭的主动段和其他航天器。当地水平平台式惯导系统的特点是平台上的两个加速度计输入轴始终处于飞行器所在处的水平面内，使水平加速度分量的测量不受重力影响。这种平台式惯导系统通常应用于沿地球表面运动的飞行器，如无人机、巡航导弹等。

　　根据对平台方位的控制方式，无人机的平台式惯导系统可分为指北方位平台式惯导系统、游移方位平台式惯导系统、自由方位平台式惯导系统和旋转方位平台式惯导系统四种类型。指北方位平台式惯导系统通过保持惯导平台朝向地球北极方向，实现飞行器方向的稳定。游移方位平台式惯导系统允许惯导平台在水平方向进行有限游移，适用于一定范围内的飞行任务。自由方位平台式惯导系统允许惯导平台在水平和垂直方向进行自由转动，适用于复杂的飞行任务。旋转方位平台式惯导系统则允许惯导平台以固定速率旋转，适用于特定的导航需求。

　　指北方位平台式惯导系统要求无人机的平台跟踪地理系，确保两个水平轴严格指向东向和北向。其优点在于平台系和地理系的重合，能够使飞行器的姿态和航向信息通过平台各环架之间的关系直接输出，计算量小，对计算机要求不高。主要缺点在于在高纬度区域，经线的极点汇聚导致东西向速度变化大，要求平台快速转动，可能引起附加误差，甚至导致系统丧失工作能力。

　　游移方位平台式惯导系统的设计以及运作原理为无人机导航提供了重要的解决方案，其平台绕方位轴的转动角速度受地球自转角速度在垂线方向的分量影响，最大值在地球极点，约为 $15°/h$。这一特性使我们在设计平台稳定回路时不会遇到过大的困难。然而，由于平台方位角速度与地理系绕垂线方向的角速度不同，在飞机飞行的过程中，平台相对正北的方位角会发生变化，这种变化被称为游移方位角，也是游移方位平台式惯导系统得名的原因。在这种系统中，当飞机经过地球的极点时，航向会突然发生180°的转变，但平台并不需要进行额外的控制，只需要将游移方位角加上180°即可，这使游移方位平台式惯导系统在全球任何地方都可以使用。游移方位平台式惯导系统的另一个优点在于，它无须将平台对准某个特定方向，只需估算游移方位角，从而加速了对准过程。这种系统的主要缺点是无法直接输出飞机的真实航向，必须通过平台测量的方位角（即平台绕方位轴相对飞机纵轴的角度）与计算得到的平台游移方位角来计算飞机的航向角。这增加了一定的计算复杂性和误差可能性，尤其是在动态环境下或者受到外界干扰的情况下。因此，在实际应用中，我们需要采取适当的校正和修正措施来确保导航精度和系统稳定性。

自由方位平台式惯导系统的设计解决了在极区使用时可能出现的问题，其平台不需要绕方位轴转动，无须施加关于角速度的任何指令，从而避免了在极区出现的困扰。由于没有平台方位施矩误差，系统精度得到了提高。这种平台式惯导系统的缺点是自由方位角的计算较为复杂，无法直接输出飞机的航向角。

旋转方位平台式惯导系统的平台以固定的角速度绕方位轴转动，这种设计在惯性元件安装误差、质量不平衡及其他常值干扰力矩等因素引起的水平陀螺和水平加速度计误差上具有调制平均的作用，能够有效减小系统误差。然而，这种平台式惯导系统的主要缺点在于方位转动角速度的控制存在一定的误差，因此会引入一定程度的附加导航误差。由于控制角速度的精度直接影响系统的准确性和稳定性，因此旋转方位平台式惯导系统的应用相对较少。尽管它能够在一定程度上调制平均惯性元件的误差，但由于角速度控制的困难以及引入的附加导航误差，其在实际应用中受到限制。

2. 惯性导航平台

（1）惯性导航平台的概念。为了测量水平加速度分量，我们需要为无人机的加速度计提供一个始终水平的测量基准。利用陀螺仪的特性，我们可以建立一个能够与惯性空间保持相对稳定或跟踪水平面的稳定装置。这种装置就是陀螺稳定平台，它利用陀螺仪的特性制成，也被称为陀螺稳定系统或陀螺稳定装置，简称为陀螺平台或平台。在平台式惯性导航系统中，用于提供加速度计测量基准的陀螺稳定平台称为惯性导航平台、惯性导航陀螺平台，简称为惯导平台或惯性平台。某型惯导平台如图 3-5 所示。

图 3-5　某型惯导平台

一般而言，陀螺稳定平台以陀螺仪的动力学特性为基础，利用陀螺仪作为测量敏感元件，将陀螺仪与伺服电机组成一个伺服系统，依赖该伺服系统来实现系统的稳定。根据稳定过程中陀螺仪的作用和陀螺力矩在全过程中参与工作的程度，陀螺稳定平台可以分为四种类型：直接式陀螺稳定平台、间接式陀螺稳定平台、动力式陀螺稳定平台和指示式陀螺稳定平台。

直接式陀螺稳定平台是一种比较原始的陀螺平台，其干扰力矩完全依靠陀螺力矩平衡，没有伺服回路。在这种平台中，陀螺力矩被用来抵消外部干扰力矩，从而维持平台的稳定性。相比其他类型的陀螺平台，直接式陀螺稳定平台的设计相对简单，缺点是无法在稳定过程中动态调整，因此对于快速变化的环境可能表现不佳。

动力式陀螺稳定平台的特点是干扰力矩在过渡过程中由陀螺力矩平衡，随着陀螺仪进动角度的增大，伺服电机产生的力矩逐渐增大，最终伺服电机产生的力矩会完全平衡干扰力矩，使陀螺仪停止进动，系统达到稳定状态。这种平台相对于直接式平台有更好的动态响应性，能够更快速地适应变化的环境，但设计和维护成本较高。

指示式陀螺稳定平台在平衡干扰力矩中，陀螺力矩几乎不起作用或作用甚微，而陀螺仪仅作为角运动敏感元件，其角动量很小。这种平台的主要功能是指示飞行器的姿态，而不直接控制系统的稳定性，其优点在于简单可靠，适用于一些对稳定性要求不高的场景，但对于需要精确控制的任务可能不够理想。

在间接式陀螺稳定平台中，陀螺仪作为角位置敏感元件安装在平台台体之外，其角动量相对较大。在这种平台中，陀螺力矩与平衡干扰力矩的过程没有关系，而是通过其他机制来维持系统的稳定性。这种平台的设计相对复杂，但具有较高的稳定性和精确性，适用于对稳定性要求较高的应用场景，如航空航天领域中的导航系统。

惯性导航平台作为指示式陀螺稳定平台的一种，其主要功能在于支撑加速计，并将加速度计稳定在惯性空间或按导航计算机的指令使其跟踪地平坐标系。平台的工作状态可分为几何稳定状态和空间积分状态。几何稳定状态指的是平台不受基座运动和干扰力矩的影响，能够保持与惯性空间方位相对稳定的工作状态。在这种状态下，平台能够有效地抵消外部干扰，保持固有方向，确保加速度计可以准确测量水平加速度分量，并将其稳定输出。空间积分状态指的是在指令角速度控制下，平台相对惯性空间以给定规律转动的工作状态。也就是说，根据导航计算机的指令，平台会根据预设的角速度进行转动，以实现特定的导航任务。在这种状态下，平台能够跟踪导航计算机的指令，并按照预定的速度和方向进行运动，从而确保无人机按照预期路径飞行。惯性导航平台的工作状态之间可以灵活切换，根据无人机的飞行任务和导航需求进行调整。在不同的工作状态下，平台能够提供不同的功能和性能，以满足不同场景下的导航和控制需求。例如，在稳定工作状态下，平台能够确保加速度计的准确性和稳定性；而在指令跟踪状态下，平台能够根据指令灵活调整姿态，实现精确的导航控制。

在平台式惯导系统中，陀螺仪扮演着至关重要的角色，它们是确保系统准确性和稳定性的关键组件之一。无论是单自由度陀螺仪还是两自由度陀螺仪，这些陀螺仪都必须具备一些基本特性（如小角动量、小漂移率和极小的标度因数误差），以保证导航系统的可靠性和精确性。常用的陀螺仪种类包括液浮积分陀螺仪、挠性陀螺仪、静电陀螺仪、环型激光陀螺仪等。近年来，随着固态电子技术和微加工技术的不断发展，一些新型的陀螺仪相继出现，如光纤陀螺仪、半球谐振陀螺仪、音叉陀螺仪等。这些新型陀螺仪采用了不同的工作原理和制造材料（如硅、石英、铌酸锂等电光学材料），具有更小的体积、更高的精度和更低的功耗。特别值得关注的是固态陀螺仪，它们是近年来陀螺仪技术的重要突破。固态陀螺仪不含有机械转动部件，而是采用固态电子加工技术制造，因此具有更高的抗冲击性、更长的寿命和更低的维护成本。固态陀螺仪的应用使平台式惯导系统的性能得到了进一步提升，不仅提高了系统的可靠性和稳定性，还减小了系统的体积和质量，使无人机具备更大的灵活性和适应性。除了传统的陀螺仪，一些新颖的陀螺仪正在被研究和开发，如约瑟夫森结陀螺仪、核磁共振陀螺仪、原子陀螺仪等。这些陀螺仪在理论上具有很高的潜力，它们没有机械转动部件，采用了更先进的工作原理和制造技术，有望进一步提升平台式惯导系统的性能，为无人机导航和控制提供更为精确和可靠的支持。

陀螺稳定平台根据稳定轴的数目可分为单轴、双轴和三轴陀螺稳定平台。然而，用于平台式惯性导航系统的陀螺平台必须是三轴平台。这是因为平台式惯性导航系统需要在不受干扰的情况下跟踪与地球有关的坐标系，如地理坐标系。为了实现这一目标，平台必须有三个相互垂直的稳定轴，以确保在三个方向上的稳定性和准确性。

陀螺平台通过稳定回路和修正回路对平台进行稳定和控制。稳定回路由安装在陀螺仪上的信号器、放大器以及稳定电机等构成，其主要功能是实现平台相对惯性空间的稳定。这意味着稳定回路能够通过检测陀螺仪的输出信号，并根据这些信号来调整平台的姿态，使平台保持相对于惯性空间的稳定状态。修正回路由加速度计、修正指令计算装置以及安装在陀螺仪上的力矩器构成。修正回路的作用是根据加速度计的测量值和预先设定的修正指令，计算出修正平台姿态所需的控制指令，并将这些指令传递给相应的力矩器。通过这种方式，修正回路能够校正平台的姿态，使平台能够跟踪水平坐标系或其他非惯性坐标系。

为便于理解，下面以单轴平台为例，介绍陀螺平台稳定回路和修正回路的工作原理。

（2）单自由度陀螺仪构成的陀螺稳定平台。单自由度陀螺仪构成的单轴平台如图 3-6 所示。陀螺转子轴、内环轴和平台稳定轴三者相互垂直，其中平台稳定轴也叫平台支承轴，简称平台轴，它是陀螺仪输入轴（也称为敏感轴）的方向。陀螺仪为单自由度速率积分陀螺，其内环轴也叫进动轴，它是陀螺仪输出轴的方向。图中，α_P 表示平台绕平台轴的转动角度，β 表示陀螺仪绕其内环轴的进动角度，H 为角动量，M_d 为干扰力矩，M_s 为稳定电机经传动齿轮在平台轴上产生的力矩，v_N 为飞机北向飞行速度。

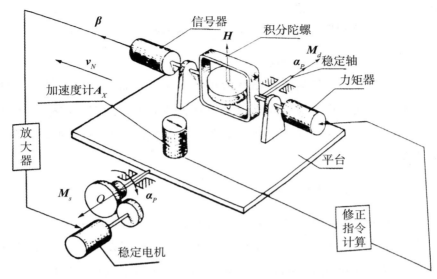

图 3-6　单自由度陀螺仪构成的单轴平台

（3）两自由度陀螺仪构成的陀螺稳定平台。仍以单轴平台为例，两自由度陀螺仪构成的单轴陀螺稳定平台如图 3-7 所示。

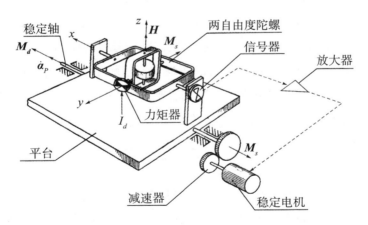

图 3-7　两自由度陀螺仪构成的单轴陀螺稳定平台

当平台稳定轴有干扰力矩 M_d 作用时，平台绕稳定轴转动 (转动角度为 $\dot{\alpha}_P$)。因为两自由度陀螺仪具有稳定性，它并不会绕其外环轴转动。

所以，装在外环轴上的信号器就会有信号输出，该信号经放大器放大后送给稳定电机，稳定电机产生稳定力矩 M_s，并通过减速器作用于平台，平衡掉干扰力矩，使平台绕稳定轴保持稳定。

根据上述机理，产生平衡干扰力矩的稳定力矩需要陀螺仪绕外环轴的转动角度，而平衡状态下陀螺仪绕外环轴相对平台的转角被称为平台的误差角。为了确保平台具有足够高的精度，也就是保持很小的误差角，稳定回路应该具备足够大的放大系数。

3.3.2 捷联式惯性导航系统

捷联式惯导系统和平台式惯导系统的基本工作原理相同。

捷联式惯导系统摒弃了传统的电气机械式陀螺稳定平台，直接将陀螺仪和加速度计安装在飞行器上，通过机箱与飞行器固连。这样的设计使捷联式惯导系统可以直接测量飞行器沿三个机体轴的角运动和加速度分量，这是捷联式惯导系统基本的特点之一。然而，尽管没有了传统的机械平台，捷联式惯导系统仍然需要一种方式来模拟某种坐标系，以为加速度计提供基准。在这种情况下，数学平台应运而生。数学平台通过数学方法建立了一个虚拟的平台，将加速度沿机体轴的分量转换到所选择的导航坐标系，如地理坐标系。数学平台的实现主要依赖于高性能的导航计算机。平台的功能体现在计算机中，计算机需要承担大量的运算量，这也意味着平台对导航计算机的性能和可靠性等要求更高。只有具备高性能和高可靠性的导航计算机，才能确保捷联式惯导系统准确地计算和转换加速度信息，从而实现对飞行器位置和姿态的精确导航和控制。

惯导元件由于直接固定在飞行器机体上，其工作环境变得更加恶劣，对惯性测量元件的技术要求更加苛刻。特别是对陀螺仪的性能要求更高了，陀螺仪需要具备更高的精度和更广的工作范围，以满足捷联式惯导系统的要求。一般的陀螺仪已经不能满足现代无人机的需求，因此我们需要采用性能更好、精度更高的陀螺仪。当前的捷联式惯导系统通常采用一些先进的惯性器件，如动力调谐式挠性陀螺仪、环型激光陀螺仪、光纤陀螺仪等。这些惯性器件具有更高的性能和精度，能够在恶劣的工作环境下保持稳定的性能表现。动力调谐式挠性陀螺仪以其高精度和稳定性而闻名，环型激光陀螺仪具有极高的测量精度和快速响应能力，光纤陀螺仪则以其小尺寸、低功耗和长寿命等优点受到青睐。

　　捷联式惯导系统的原理如图 3-8 所示。从图中可以看出，无人机的捷联式惯导系统主要由两个关键组件组成，即惯性测量组件和导航计算机。与平台式惯导系统相似，控制显示功能由地面站来实现。惯性测量组件是捷联式惯导系统的核心，包括陀螺仪和加速度计。这些组件负责测量飞机相对于惯性空间的角运动和线性运动。通过陀螺仪和加速度计的测量，系统能够获取飞行器的姿态和位置信息，为后续的导航和控制提供数据支持。导航计算机及其软件则是捷联式惯导系统的智能核心。导航计算机负责处理惯性测量组件提供的数据，进行复杂的数学运算和算法处理。其中，数学平台的功能在于计算方向余弦矩阵，也称为姿态矩阵。这个矩阵描述了飞行器相对于惯性空间的姿态，是导航计算和控制的重要基础。导航计算机通过对方向余弦矩阵的相关运算，实现了飞行器的精确导航、姿态控制和路径规划。

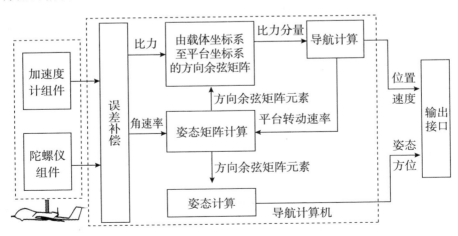

图 3-8　捷联式惯导系统原理图

在捷联式惯导系统中，姿态矩阵扮演着重要的角色，能够实现机体坐标系到地理坐标系的运动参数转换。这种转换十分关键，因为惯性元件（如陀螺仪和加速度计）固定在无人机的机体上，测量的角位移和加速度是相对于机体坐标系的分量。姿态矩阵通过一系列运算，将这些分量转换到地理坐标系上，从而为导航计算和控制提供了必要的数据。方向余弦矩阵运算可以将机体坐标系中的角位移和角速度转换为地理坐标系中的相应分量。这样，导航计算机可以利用这些转换后的数据，按照与平台式惯导系统相似的算法来计算出各种导航参数。另外，在捷联式惯导系统中，姿态矩阵不仅可用于运动参数的转换，还可通过软件中的"姿态计算"模块解算出飞机的姿态和方位信息。在无人机运动过程中，姿态和航向可能会发生变化，因此姿态矩阵需要进行实时更新，以确保能够准确地反映机体坐标系与地理坐标系之间的关系。这一过程与平台式惯导系统中对惯导平台的控制极为相似，因为它们都依赖于数学平台的运算和更新。姿态矩阵及其更新被称为数学平台，它是捷联式惯导系统的关键组成部分，负责将惯性测量元件提供的数据转换为可用于导航和控制的姿态信息。

姿态更新包含姿态矩阵和姿态角的更新计算。

1.姿态矩阵与姿态角的计算

惯导系统的平台系经三次转动后可转到机体系，如图 3-9 所示。可以看出，平台系与机体系之间存在以下转换关系：

$$x_p y_p z_p \xrightarrow[\text{转} \psi_{bp}]{\text{绕} z_p} x'_p y'_p z'_p \xrightarrow[\text{转} \theta]{\text{绕} y'_p} x''_p y''_p z''_p \xrightarrow[\text{转} \gamma]{\text{绕} x''_p} x_b y_b z_b$$

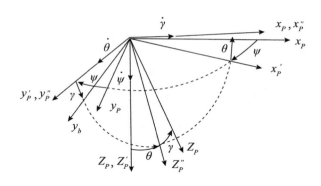

图 3-9　平台系与机体系的关系

下面介绍指北方位捷联式惯导系统的姿态方程。对于指北方位捷联式惯导系统,在忽略误差的情况下,平台系为地理系,平台方位角 ψ_{bp} 即航向角 ψ。

用矩阵表示平台系到机体系的转换过程,有

$$
\begin{bmatrix} x_b \\ y_b \\ z_b \end{bmatrix} = \begin{bmatrix} 1 & 0 & 0 \\ 0 & \cos\gamma & \sin\gamma \\ 0 & -\sin\gamma & \cos\gamma \end{bmatrix} \begin{bmatrix} \cos\theta & 0 & -\sin\theta \\ 0 & 1 & 0 \\ \sin\theta & 0 & \cos\theta \end{bmatrix} \begin{bmatrix} \cos\psi & \sin\psi & 0 \\ -\sin\psi & \cos\psi & 0 \\ 0 & 0 & 1 \end{bmatrix} \begin{bmatrix} x_p \\ y_p \\ z_p \end{bmatrix}
$$

$$
= \begin{bmatrix} \cos\theta\cos\psi & \cos\theta\sin\psi & -\sin\theta \\ -\cos\gamma\sin\psi + \sin\gamma\sin\theta\cos\psi & \cos\gamma\cos\psi + \sin\gamma\sin\theta\sin\psi & \sin\gamma\cos\theta \\ \sin\gamma\sin\psi + \cos\gamma\sin\theta\cos\psi & -\sin\gamma\cos\psi + \cos\gamma\sin\theta\sin\psi & \cos\gamma\cos\theta \end{bmatrix} \begin{bmatrix} x_p \\ y_p \\ z_p \end{bmatrix}
$$

$$（3-20）$$

用 $\boldsymbol{C}_p^b$ 表示平台系到机体系的坐标转换矩阵,即

$$
\boldsymbol{C}_p^b = \begin{bmatrix} \cos\theta\cos\psi & \cos\theta\sin\psi & -\sin\theta \\ -\cos\gamma\sin\psi + \sin\gamma\sin\theta\cos\psi & \cos\gamma\cos\psi + \sin\gamma\sin\theta\sin\psi & \sin\gamma\cos\theta \\ \sin\gamma\sin\psi + \cos\gamma\sin\theta\cos\psi & -\sin\gamma\cos\psi + \cos\gamma\sin\theta\sin\psi & \cos\gamma\cos\theta \end{bmatrix}
$$

$$（3-21）$$

用 $\boldsymbol{C}_b^p$ 表示机体系到平台系的坐标转换矩阵,且定义

$$\boldsymbol{C}_b^p = \begin{bmatrix} T_{11} & T_{12} & T_{13} \\ T_{21} & T_{22} & T_{23} \\ T_{31} & T_{32} & T_{33} \end{bmatrix} \tag{3-22}$$

直角坐标系的坐标转换矩阵为正交矩阵，即有

$$\boldsymbol{C}_b^p = \left(\boldsymbol{C}_p^b\right)^{-1} = \left(\boldsymbol{C}_p^b\right)^{\mathrm{T}} \tag{3-23}$$

故

$$\begin{bmatrix} T_{11} & T_{12} & T_{13} \\ T_{21} & T_{22} & T_{23} \\ T_{31} & T_{32} & T_{33} \end{bmatrix}$$

$$= \begin{bmatrix} \cos\theta\cos\psi & -\cos\gamma\sin\psi + \sin\gamma\sin\theta\cos\psi & \sin\gamma\sin\psi + \cos\gamma\sin\theta\cos\psi \\ \cos\theta\sin\psi & \cos\gamma\cos\psi + \sin\gamma\sin\theta\sin\psi & -\sin\gamma\cos\psi + \cos\gamma\sin\theta\sin\psi \\ -\sin\theta & \sin\gamma\cos\theta & \cos\gamma\cos\theta \end{bmatrix}$$

$$\tag{3-24}$$

显然，姿态角可由 $\boldsymbol{C}_b^p$ 的元素计算得到，公式如下：

$$\begin{cases} \gamma_M = \arctan\left(\dfrac{T_{32}}{T_{33}}\right) \\ 0 = \arcsin\left(-T_{31}\right) \\ \psi_M = \arctan\left(\dfrac{T_{21}}{T_{11}}\right) \end{cases} \tag{3-25}$$

航向角 ψ 和倾斜角 γ 的真值需通过计算进一步确定。

矩阵 $\boldsymbol{C}_b^p$ 由于包含了姿态信息，因此称为姿态矩阵。

2. 姿态微分方程及姿态矩阵的更新

由于在飞机飞行过程中姿态角是变化的，姿态矩阵在飞机飞行过程中也在不断变化。通过姿态微分方程，我们可求出任一时刻的姿态矩阵。

姿态微分方程的表达式为

$$\boldsymbol{C}_b^p = \boldsymbol{C}_p^b \boldsymbol{\Omega}_{p\phi}^b \tag{3-26}$$

式中，

$$\boldsymbol{\Omega}_{p\phi}^{b} = \begin{bmatrix} 0 & -\omega_{pbz}^{b} & \omega_{phy}^{b} \\ \omega_{pbz}^{b} & 0 & -\omega_{phx}^{b} \\ -\omega_{pby}^{b} & \omega_{phx}^{b} & 0 \end{bmatrix} \qquad (3-27)$$

由式（3-27）可看出，要求解姿态矩阵，我们还需知道机体系相对平台系的角速度。

机体系相对惯性系的角速度可分解为

$$\boldsymbol{\omega}_{ib}^{b} = \boldsymbol{\omega}_{ip}^{b} + \boldsymbol{\omega}_{pb}^{b} = \boldsymbol{\omega}_{ie}^{b} + \boldsymbol{\omega}_{cp}^{b} + \boldsymbol{\omega}_{pb}^{b} \qquad (3-28)$$

由式（3-28）可得，机体系相对平台系的角速度为

$$\boldsymbol{\omega}_{pb}^{b} = \boldsymbol{\omega}_{ib}^{b} - \boldsymbol{\omega}_{ip}^{b} = \boldsymbol{\omega}_{ib}^{b} - \boldsymbol{\omega}_{ie}^{b} - \boldsymbol{\omega}_{cp}^{b} \qquad (3-29)$$

式中，$\boldsymbol{\omega}_{ib}^{b}$ 由与飞机固连的陀螺仪测量得到；$\boldsymbol{\omega}_{ie}^{b}$ 由地球自转角速度经坐标变换得到，即

$$\boldsymbol{\omega}_{ie}^{b} = \boldsymbol{C}_{p}^{b} \begin{bmatrix} \Omega\cos\varphi \\ 0 \\ -\Omega\sin\varphi \end{bmatrix} = \left(\boldsymbol{C}_{b}^{p}\right)^{-1} \begin{bmatrix} \Omega\cos\varphi \\ 0 \\ -\Omega\sin\varphi \end{bmatrix} \qquad (3-30)$$

而 $\boldsymbol{\omega}_{cp}^{b}$ 可根据地速和姿态矩阵按下式计算：

$$\boldsymbol{\omega}_{cp}^{b} = \left(\boldsymbol{C}_{b}^{p}\right)^{-1} \boldsymbol{\omega}_{cp}^{p} = \left(\boldsymbol{C}_{b}^{p}\right)^{-1} \begin{bmatrix} \dfrac{v_{cpy}^{p}}{R_{\mathrm{E}}} \\ -\dfrac{v_{cpx}^{p}}{R_{\mathrm{N}}} \\ -\dfrac{v_{cpy}^{p}}{R_{\mathrm{E}}}\tan\varphi \end{bmatrix} \qquad (3-31)$$

由式（3-29）可看到，平台系相对惯性系的角速度 $\boldsymbol{\omega}_{ip}^{b}$ 是计算姿态微分方程的一个重要参数，其作用相当于平台式惯导系统对平台施加的指令角速度。

姿态矩阵更新后，我们可按式（3-25）计算新的姿态角。

上述姿态更新方法称为方向余弦法。除方向余弦法之外，姿态更新还有四元数法、等效旋转矢量法、欧拉角法等方法。

3.几种姿态更新算法对比

欧拉角法是一种常用的方法，它通过解欧拉角微分方程直接计算无人机的俯仰角、倾斜角和航向角。这种方法概念直观、易于理解，对于水平姿态变化较小的情况十分适用。然而，欧拉角微分方程涉及俯仰角的正切和余弦，俯仰角在接近 90° 时，会发生所谓的欧拉角微分方程的退化现象，即溢出问题。这一退化现象类似于平台式惯导系统中惯导平台的锁定现象，会导致计算结果不稳定。因此，欧拉角法只适用于俯仰角变化较小的情况，当俯仰角接近 90° 时，其计算结果将失去准确性。这对于无人机来说，可能会导致姿态控制的不稳定性，影响飞行安全。

方向余弦法可对姿态矩阵微分方程进行求解，避免了欧拉角法中的退化问题，可全姿态工作。

四元数法是一种常用的姿态解算方法，相比于方向余弦法，它只需求解四个未知量的线性微分方程组，计算量更小，且算法相对简单，因此被广泛视为较实用的工程方法。该方法实质上是旋转矢量法中的单子样算法，能够有效补偿旋转引起的误差。在高动态运动的情况下，特别是机体进行快速旋转或高加速度运动时，姿态解算的漂移问题会变得十分严重。这是因为四元数法在处理高动态运动时，对机体转动引起的不可交换误差的补偿程度不够，导致姿态解算的精度下降。四元数法更适用于低动态运动载体的姿态解算，如一般的无人机飞行。对于需要高精度姿态解算的应用场景，尤其是在高动态运动下，我们可能需要考虑其他更为精细的姿态解算方法，或者结合其他传感器数据进行数据融合，以提高姿态解算的准确性和稳定性。

旋转矢量法是一种常用的姿态解算方法，通过多子样算法可以有效补偿旋转引起的不可交换误差。这种方法利用优化处理系数的方式，在相同子样算法中能够实现最小的算法漂移，从而在姿态更新过程中提高精度和稳定性。对于角运动剧烈或存在严重角振动的无人机等载体，旋转矢量法尤为适用。多子样算法能够有效地抑制角振动引起的误差，使姿态解算更加准确、可靠。通过对系数的优化处理，这种方法能够最大程度地降低算法漂移，确保姿态更新的稳定性。

四元数法和旋转矢量法都是常用的姿态更新方法，它们通过计算姿态四元数来实现无人机的姿态更新。两种方法在计算姿态四元数的方式上有所不同。四元数法直接求解姿态四元数微分方程，通过对四元数的微分方程进行数值积分，可以得到无人机的姿态变化。这种方法简单、直接，适用于大多数情况下无人机角运动不剧烈的情况。相比之下，旋转矢量法则是先求解姿态变化的旋转矢量，再将旋转矢量转换为姿态四元数。这种方法能够有效地应对存在严重角振动或角运动剧烈的情况，但对于大多数无人机的正常运动来说，四元数法已经足够满足需求。考虑到目前大多数无人机的角运动并不剧烈，四元数法是完全适用的选择，它具有计算简单、实现方便等优点，能够为无人机提供稳定、可靠的姿态控制。

3.4　卫星导航系统

卫星导航系统是一种星基无线电导航系统，它利用人造卫星作为导航台，能够为全球各类军民载体提供高精度的三维位置、速度和精密时间信息。其中，美国的全球定位系统 GPS 和俄罗斯的全球卫星导航系统 GLONASS 备受瞩目。GPS 起源于 20 世纪 70 年代中期，GLONASS 则是由苏联开始研制，后由俄罗斯继续完善。近年来，中国也积极研发北斗卫星导航系统，即 COMPASS 系统，其定位精度已不逊于 GPS 系统。北斗系统被不断完善，其应用已经涵盖了军事和民用领域。

3.4.1　GPS 全球定位系统

GPS 全球定位系统是由美国海军、陆军、空军和国防测绘局联合研究、开发、建立的卫星无线电导航系统，其英文全称为 navigation satellite timing and ranging global positioning system（导航卫星计时和测距全球定位系统），简称 GPS。作为美国第二代卫星导航系统，GPS 具有诸多优点，包括全天候、全方位统一坐标定位，任意地点、任何时间内精确定位，快速移动物体，瞬时定位，等等。无人机作为其中的受益者之一，依托 GPS 系统可以实现精准的导航和定位，提升了飞行的安全性和效率。通过 GPS 系统，无人机可以随时随地进行定位，并实现快速移动，从而在各种任务中发挥出更大的作用。

在人类登月和发明航天飞机之后，GPS 的出现标志着人类空间探索的又一次突破。现代计算机、微处理器、半导体、原子钟等科技领域的飞速发展，为 GPS 系统的建立和完善提供了坚实的技术基础。

3.4.2　GLONASS 全球卫星导航系统

GLONASS 是俄罗斯的全球卫星导航系统，为无人机提供了在地球表面和近地空间的定位、速度和精确标定时间的功能。

GLONASS 最初是苏联为国防部和国内民用用户研发的卫星导航系统，苏联解体后由俄罗斯继续发展，管理责任落在航天部队手中，自 1991 年起开始向国际民用用户联合组织提供服务。GLONASS 的发展和运营由俄罗斯承担，为全球用户提供了高精度的定位、导航和时间服务。

GLONASS 可提供两种导航信号——标准精度和高精度，供全球各地的民用用户使用。标准精度导航信号具有较高的可靠性和广泛的覆盖范围，能够在全球范围内为用户提供水平位置、高度、速度和时间等信息，其精度为水平位置 50~70 m，高度 70 m，速度 0.15 m/s，时间 1 μs。通过差分法和特殊测量方法，用户还可以进一步提高定位精度。据俄罗斯 2013—2020 年的空间活动报告，GLONASS 的定位精度在 2015 年达到了 1.4 m，在 2020 年达到了 0.6 m。此外，GLONASS 的卫星在北半球的可视性优于 GPS 卫星，这意味着在高纬度地区，GLONASS 的定位服务更加稳定、可靠。

对于无人机来说，GLONASS 的高精度导航信号是非常重要的，特别是对于需要高精度定位的应用场景，如精准农业、精密测绘和地质勘探等。通过 GLONASS 提供的高精度定位服务，无人机可以实现更精确的路径规划和飞行控制，提高任务执行效率和准确性。GLONASS 的持续改进和技术升级也为无人机应用提供了更好的支持和保障，为无人机技术的发展和应用提供了可靠的导航和定位基础。

3.4.3 北斗卫星导航系统

北斗卫星导航系统是中国自主研发、建设和运行的全球卫星导航系统，与其他国际卫星导航系统兼容共用。北斗系统的建成使中国成为继美国和俄罗斯之后第三个拥有自主卫星导航系统的国家。北斗系统的运行标志着中国在卫星导航领域取得了重大突破，并且展示了中国在航天技术领域的雄厚实力和自主创新能力。目前，北斗系统已经开始在军事和民用领域得到广泛应用。在无人机领域，北斗系统为无人机提供了高精度的定位、导航和时间服务。无人机通过北斗系统可以实现精准的航线规划、飞行控制和任务执行，为各种应用场景提供了可靠的支持。在军事方面，北斗系统为我国军队提供了精确的定位和导航服务，提升了我国军事作战能力和安全防卫水平。在民用方面，北斗系统广泛应用于交通运输、精准农业、灾害应对、资源勘探等领域，为国家经济社会发展和人民生活提供了重要支持。

3.5　组合式导航系统

3.5.1　组合式导航的必要性

惯性导航系统是一种高度自主且具有优良短期精度和稳定性的导航系统，能够提供连续的导航与制导信息，包括姿态基准等。然而，从初始对准开始，惯性导航系统的导航误差会随着时间的增加而积累，这是其局限性之一。提高系统精度的主要技术途径有两个：一是提高惯性器件的精度或开发新型惯性器件，这需要利用新材料、新工艺和新技术，但造价较高且精度提高会受到限制；二是利用外部参考信息源对惯导系统进行综合校正和误差补偿，这些信息源包括无线电定位导航系统、多普勒雷达导航系统和 GPS 等，通过定期或不定期地校正惯导系统，我们可以有效地降低惯导系统的导航误差。将惯导系统与其他导航系统结合起来形成组合式导航系统是一种有效的方法。这种混合式系统可以利用各个导航系统的优势，弥补彼此的缺陷，从而提高整体的导航精度和可靠性。随着现代控制理论、计算机技术和电子技术的不断发展，组合式导航系统得到了很大的发展，并在无人机等领域得到了广泛的应用。

组合式导航系统的主要优点如下。

第一，能有效地利用各子系统的导航信息，相互取长补短，限制惯导系统随时间增长的误差，使导航精度大大提高。

第二，提高了系统的可靠性，可利用故障检测及识别技术，在一个子系统失效时，自动进行工作模式转换。

第三，可实现对各子系统及其元件的校准，从而放宽对子系统技术指标的要求，有利于用低成本的子系统及元件构成高精度的组合导航系统。

第四，允许惯导平台进行空中对准与调整，从而缩短地面准备时间，提高飞机的快速反应能力。

设计组合式导航系统的方法主要有两种：古典法和最优控制法。古典法是利用经典控制理论进行设计和校正的方法。这种方法通常未考虑惯性器件和外部导航信息源的随机误差，导致在航行过程中，尤其是在机动运动时，组合式导航系统的性能并不理想。最优控制法采用卡尔曼滤波技术进行状态估计和校正，是一种建立在最优化理论下的方法。在这种方法中，各种测量元件的误差模型被存储在计算机中。滤波器对各个测量元件提供的信息进行处理时，会不断调整误差模型中的参数，使模型参数逐渐接近真实情况，并能实时地求得惯导系统误差状态的最优估计值。控制器根据这些误差的最优估计值对惯导系统进行校正，以使导航误差最小化。最优组合式导航系统采用最优控制法设计，与古典法设计的组合式导航系统相比，具有更高的性能和更好的稳定性。通过卡尔曼滤波技术的应用，最优组合式导航系统能够实现对各个测量元件的精确估计和校正，从而提高系统的导航精度和可靠性。

以惯导系统为主的组合式导航系统的组合形式包括惯性－多普勒、惯性－伏尔/测距仪、惯性－罗兰、惯性－塔康、惯性－卫星、惯性－多普勒－罗兰、惯性－多普勒－塔康等。从组合原理上讲，以上各种系统基本上可以分为两类：一是惯性－速度组合系统，这是一类把惯导系统的速度信息与另一种系统（如多普勒雷达导航系统）的速度信息进行综合处理而构成的组合式导航系统；二是惯性－位置组合系统，这是一类把惯导系统和其他导航系统提供的位置信息进行综合处理的组合式导航系统。

3.5.2　卡尔曼滤波简介

随着科学技术的不断发展，导航系统的多样性日益增加，每种导航系统都有其独特的优势和局限性。为了充分利用各种导航系统的优点，并弥补它们的缺陷，人们开始将不同导航系统结合起来，构建组合式导航系统，以提高导航精度和可靠性。在组合式导航系统中，卡尔曼滤波技术被广泛应用。卡尔曼滤波技术通过对来自两个或多个导航系统的输出进行处理，能够估计系统的误差，并将这些误差估计值应用于校正系统。这种方法被称为最优组合方法，因为卡尔曼滤波估计是一种最优估计。最优组合方法可以充分利用各种导航系统提供的信息，最大限度地提高导航系统的性能。在最优组合方法中，卡尔曼滤波技术起着关键作用，它能够对系统的状态进行估计，并动态地调整误差模型的参数，使模型与实际情况更加接近，这样可以实现对导航系统的实时校正，使导航误差最小化。

3.5.3　惯性／卫星组合导航的综合模式

惯性导航系统以其独特的优势，无论是在军用航空器还是民用领域，都扮演着重要的角色。这种系统不依赖于外部信息，也不发射能量，因此具有良好的隐蔽性和抗电磁干扰能力。惯导系统提供的导航数据非常全面，不仅能够提供载体的位置和速度信息，还能给出航向和姿态角，使飞行器能够实现准确的定位和导航。除了全面的导航数据，惯导系统还具有数据更新率高、短期精度高和稳定性好等优点，成为各种载体（特别是军用航空器、舰船）上的主要导航设备。然而，惯导系统也存在一些缺点，其中主要的缺点是导航定位误差随时间增长而增加，因此难以长时间地独立工作。此外，惯导系统在每次使用之前需要进行初始对准，这个过程耗时较长，对需要快速反应的应用来说可能成为一个致命的弱点。

在无人机上广泛应用的卫星导航系统（GNSS）为航行提供了高精度的全球定位服务。然而，这些系统虽然精度高，但它们的接收机工作受到飞行器机动的影响。当飞行器的机动超过了卫星导航系统接收机的动态范围时，接收机可能会失锁，导致卫星导航系统无法正常工作，或者导致动态误差过大而无法使用。尤其在无人机上，卫星导航系统接收机数据更新频率较低，难以满足实时控制的要求，这使在高速、高机动性的无人机应用中，卫星导航系统定位数据的实时性和准确性受到挑战。此外，卫星导航系统信号容易被建筑物、地形等遮挡，造成信号的不稳定性，从而影响无人机的导航精度和稳定性。电子干扰也会影响卫星导航系统信号，降低接收机的性能，进而影响无人机的导航定位能力。

将惯性导航系统和卫星导航系统组合起来，构成惯性／卫星组合式导航系统，是克服各自缺点、取长补短的重要方法。这种组合系统将惯性导航系统和卫星导航系统的优势相结合，使综合后的导航精度高于两个系统单独工作的精度。惯性／卫星组合式导航系统的优势主要体现在以下几个方面：第一，对于惯性导航系统而言，它通过与卫星导航系统的综合，可以实现惯性传感器的校准、惯性导航系统的空中对准以及高度通道的稳定等功能，有效提高导航的精度；第二，对于卫星导航系统而言，惯性导航系统的辅助可以提高其跟踪卫星的能力，提高接收机的动态特性和抗干扰性，从而增强整体导航系统的稳定性和可靠性。惯性／卫星组合式导航系统还可以实现一体化设计，将卫星导航系统接收机放入惯导部件中，这样不仅可以减小系统的体积、质量和成本，还便于实现惯导系统和卫星导航系统的同步，减小非同步误差。综合而言，惯性／卫星组合式导航系统是一种比较理想的导航解决方案，是当前导航技术发展的主要方向之一。

3.6　无人机导航子系统的整合

导航子系统是无人机系统中的一个重要组成部分，其作用主要是提供无人机的实时位置、速度、姿态、航向、垂直加速度等关键信息。这些数据对于无人机的飞行控制、任务执行以及目标定位等方面至关重要。导航子系统通过收集和处理各种传感器的数据，能够确保无人机的飞行状态和位置信息的准确性和稳定性。除了提供飞行参数，导航子系统还负责发出系统时钟同步脉冲，用以同步无人机姿态、位置数据、光电平台测角数据和 CCD 相机等各个部件之间的信息，保证系统的协调运行和数据同步。

3.6.1 导航子系统的组成与功能

1.系统组成

无人机的导航子系统是无人机飞行器系统中至关重要的一部分，如图 3-10 所示，它采用 INS/ 卫星组合导航系统和差分卫星导航系统，利用全球卫星导航系统中的 GPS、GLONASS 和我国的北斗卫星导航系统等，实现了无人机的精准定位和导航。差分 GNSS 或 DGNSS 是一种重要的卫星导航系统，它通过对 GPS、GLONASS 和北斗卫星导航系统等信号进行差分处理，提高了定位的精度和稳定性。在没有卫星导航信号时，为了校正惯性导航系统的误差，一些无人机的导航系统还具有地标校正功能。这意味着无人机会利用已知坐标位置的地标（如地面上的标志物或人工设置的定位点）对惯导系统的位置进行校正，从而提高导航系统的精度和可靠性。

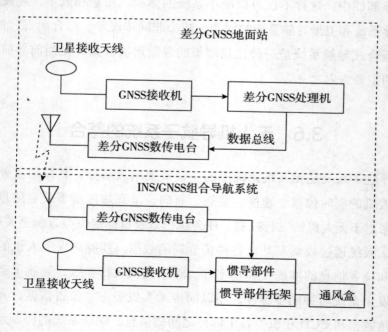

图 3-10 导航子系统的组成

导航子系统主要由下列部件组成：惯导部件、惯导部件托架、卫星接收天线、通风盒、差分 GNSS 地面站、差分 GNSS 数传电台、差分 GNSS 接收天线、GNSS 接收机。

2. 系统的主要功能

（1）信息输入及输出。为进行惯导初始对准和组合导航，导航系统通过数据总线传输接口接收来自飞控计算机和大气数据计算机等设备的信息，这些信息主要包括来自飞控计算机的装订数据（如初始位置、INS 工作状态控制字等信息）以及来自大气数据计算机的数据（如高度、真空速、大气机工作状态字等信息）。导航系统解算出运动参数后，经数据总线向有关设备输出这些信息，主要包括：①向飞控计算机提供位置（经度、纬度和高度），速度（空速和地速），加速度，真航向，俯仰角，横滚角，INS 工作状态字等信息；②向链路收发组合、任务分系统提供 INS 工作状态字、位置、惯导气压高度、速度（空速和地速）、真航向、俯仰角、横滚角、偏流角、航迹角、加速度以及时间等信息；③地面对准时，飞控计算机向地面综合保障系统输出初始经度、初始纬度、初始高度等信息。

（2）对准。惯导系统的对准一般包括正常罗经对准、快速罗经对准、存储航向对准等方式。

①正常罗经对准。无人机的水平对准和方位对准是利用加速度计敏感惯导平台或捷联式惯导系统的数学平台来实现的。水平对准主要是根据加速度计敏感惯导平台相对水平面的偏离进行调整的，而方位对准是利用陀螺罗经效应进行调整的。这两个过程需要经过多次循环，以逐渐减小惯导平台的姿态误差，并提高陀螺漂移的估算精度。

②快速罗经对准。无人机的快速罗经对准原理与正常罗经对准相同，但其水平对准和方位对准的循环次数较少，因此对准时间相对较短，精度也稍低。通过减少循环次数，快速罗经对准可以在更短的时间内完成对准过程，提高了无人机的操作效率。快速罗经对准的精度虽然相对较

低，但在一些对准要求不是特别严格的情况下，仍然可以满足导航和定位的基本需求。

③ 存储航向对准。无人机的存储航向对准原理是在上次飞行结束后记录航向，然后在下次启动时直接使用记录值进行初始对准。这种方法能够有效地减少对准时间，因为惯导系统可直接使用记录的航向值来控制平台方位，而无须进行额外的校准步骤。通过存储航向对准，无人机可以更快速地完成对准过程，从而提高起飞前的准备效率。

（3）自检测功能。无人机的导航系统具备自检测能力，系统一旦出现异常情况，会自动降级工作并发出相应的无效信号和报警信号，直至最终关机。同时，系统会将相关的故障码存储到非易失存储器中，以便后续的故障诊断和修复。

（4）差分 GNSS 导航功能。无人机在起飞和着陆阶段对定位精度有着极高的要求，尤其是在着陆引导过程中，需要保持精度。即使经过长时间的飞行，无人机也必须确保其位置精确。在采用差分方式下，系统能够输出包括经度、纬度、高度、东向速度、北向速度和天向速度等关键信息，确保无人机在起飞和着陆时具备准确的定位信息和引导数据。

3.6.2 导航子系统的工作过程

1. 系统的工作方式

无人机的主导航设备通常是惯性导航系统，它与卫星导航系统结合使用。当卫星导航系统发生故障时，无人机会依靠机载光电设备进行导航，实现惯性导航与地标的组合导航。此外，为了在起飞和着陆过程中实现高精度的定位，无人机采用了差分卫星导航系统来引导起飞和着陆。在差分卫星导航系统中，差分地面站会实时解算出到可见卫星的距离，并将计算出的距离与测量值进行比较，从而得出误差的差值。接着，差分地面站利用滤波处理，确定误差的偏差，并将测量系统误差通过数据总线接口发送至传电台，通过数传链路，完成误差偏差量的传输。这样，无人机就能够在起飞和着陆时，通过差分卫星导航系统获取精确的位置信息，确保飞行的安全和准确性。

惯导部件与卫星接收天线连接形成了惯导／卫星导航定位系统，为无人机提供了可靠的导航定位功能。而差分卫星导航数传电台通过数传链路，可将基准站获得的测量系统误差传送至机载卫星导航接收机。接收机利用这一误差信息来改正测量值，并求解出自身的位置，形成差分卫星导航信息，最终通过串行接口发送至惯导部件。气压高度信息由大气数据计算机通过串行接口传送至惯导部件，用作惯性导航系统内部高度信号的阻尼。地标校正信息则利用飞控计算机通过串行接口传送至惯导部件。在卫星定位系统发生故障的情况下，我们可利用地标信息进行惯性导航系统校正，确保无人机的导航精度和稳定性。惯导部件可将自身的导航信息、卫星导航信息、差分卫星导航信息、气压高度信息以及地标校正信息进行信息融合，通过计算和处理，最终得出无人机的位置及速度信息。

2. 系统的工作流程

（1）启动和断开。无人机的导航系统的启动和断开由安装在前起落架舱或其他便于操作的位置的一个开关来控制。无人机在供电正常后，可以通过开关启动惯性导航系统。此时，维修检测车上的导航系统的检测界面应连续显示惯性导航的对准数据。将开关移到"断开"位置时导航系统断开。

（2）装订初始位置。导航系统需要人工装订初始位置。一旦惯性导航系统启动，操作人员就需要在综合检测车（台）上的"导航系统"界面内输入初始经度、初始纬度以及初始高度，在确认输入无误后，双击"发送初始数据"按钮。系统回报正确后，便可顺利进入下一项工作流程。

根据对准方式的不同，完成初始位置装订的时间也会有所差异。正常罗经对准要求在惯导系统启动的几分钟内完成装订，确保导航系统能够迅速获取准确的初始位置信息。快速罗经对准要求完成装订的时间更短一些，以加快导航系统的就绪时间。存储航向对准能够在最短的时间内完成装订，以确保无人机能够尽快准备好进行飞行任务。

（3）对准。为了确保导航系统的准确性，我们通常会采用三种不同的对准方式：正常罗经对准、快速罗经对准和存储航向对准。正常罗经对准是一种精确性较高但时间较长的对准方式，它需要的时间通常超过12分钟，但却能够提供惯导系统较高的精度。在正常罗经对准下，系统会精确地校准航向信息，以确保无人机能够准确地确定自身位置。快速罗经对准需要的时间较短一些，通常在几分钟内完成。虽然时间较短，但相应地，其对准精度稍逊于正常罗经对准。在快速罗经对准下，系统会快速校准航向信息，以在较短时间内获得可用的定位数据。存储航向对准是较快的对准方式，然而其精度相对较低，因此在一些应用场景中可能不够精确。在存储航向对准下，系统会利用已存储的航向信息进行对准，以加快启动时间。

使用存储航向对准必须满足以下两个条件：①上次关机时已完成正常罗经对准，并在转入导航后关机；②上次关机后至本次开机前，保持无人机的位置和方位不变。

（4）导航。在无人机系统中，导航是至关重要的工作状态。当对准程序进行到最后阶段时，操作人员会注意到综合检测车上的"准航"灯点亮，这是一个信号，表明对准已经完成，导航系统准备就绪。此时，操作人员可以选择进入导航模式，系统会相应地点亮"导航"灯，表示已经进入了导航状态。在导航模式下，无人机可以启动发动机，并进行其他必要的机务检查，以确保无人机的正常运行。

组合导航系统一般至少具有四种导航方式：① GPS/INS 导航；②北斗 /INS 导航；③ GLONASS/INS 导航；④ INS 导航。有些无人机导航系统还有地标 /INS 导航方式。

第4章 固定翼无人机自主控制技术

飞行控制系统是无人机的重要组成部分，包括自动飞行控制系统和与飞行相关的自动控制系统，如阻尼器或增稳系统等。这些系统由自动驾驶仪等设备形成，能够稳定控制无人机的姿态、航向、高度等运动参数，实现自动飞行。在导航系统的配合下，飞行控制系统还能稳定控制飞行轨迹和速度，实现自主飞行任务。固定翼无人机、无人直升机和多旋翼无人机是目前主要的无人机平台。在无人机中，固定翼飞行器和无人直升机占据主导地位。与有人驾驶战斗机不同，无人机的气动构形设计通常追求良好的稳定性，而不是高机动性能。这意味着，无人机可以依靠自动飞行控制系统来保证飞行器的稳定性和所需的动、静态性能，而无须额外配备传统的阻尼器或增稳系统。

4.1 飞行器的数学模型及运动特点

4.1.1 飞行器数学模型的表现形式

无人机的数学模型是针对其运动特性建立的数学表达式，能够描述无人机在空中运动过程中的各种参数变化。这些数学模型通常采用微分方程、传递函数或结构图等形式，以便对无人机的运动行为进行准确的描述和预测。通过数学模型，我们可以分析无人机在不同飞行状态下的姿态、航向、高度以及其他相关参数的变化规律，从而为飞行控制系统的设计、飞行轨迹规划和飞行性能评估提供重要参考。

无人机的数学模型通常采用微分方程形式，由动力学方程和运动学方程构成，被称为飞行器的运动方程。这些方程描述了无人机在空中运动时各种运动参数的变化规律。由于无人机在不同运动状态下的气动特性各异，因此运动方程呈现非线性微分方程组的形式，这意味着我们无法通过解析方法直接求解各变量，必须借助数值积分法来进行求解。为了便于研究无人机的稳定性和控制问题，我们通常会对这组非线性微分方程进行线性化处理。这一处理利用了小扰动原理，即在无人机运动状态的基础上引入微小的扰动，然后利用线性化技术将非线性方程组近似为线性方程组。

飞行器的运动方程的小扰动线性化是相对于基准运动进行的。基准运动是指在完全理想的条件下，飞行器按照驾驶员或飞行控制系统的指令，按照预定规律进行的运动。在这种情况下，飞行器的速度、高度、姿态和航向等参数都保持恒定状态。扰动运动则是指在外部干扰作用下，飞行器从基准运动状态偏离后，经过一段时间又重新恢复到基准运动状态的过程。这些外部干扰可能来自大气的紊乱，如气流的涡流和湍流；也可能来自发动机工作情况的突然改变，如推力的波动；另外，控制信号的跳变也可能成为一种外部干扰因素。在飞行器运动方程的小扰动线性化过程中，对基准运动状态进行线性化处理可以更好地研究和理解飞行器在扰动环境下的动态响应特性。通过线性化处理，我们可以将复杂的非线性系统简化为更容易处理的线性系统，从而使稳定性分析和控制器设计更加方便和准确。

小扰动运动是指扰动运动与基准运动之间的差别非常小的情况。在这种情况下，我们可以运用泰勒公式对运动方程进行展开，保留一阶项即可得到一组线性方程，这就是小扰动线性化原理。这种线性化处理的基本思想是将非线性问题近似为线性问题，从而更容易进行分析和求解。通过小扰动线性化原理处理得到的运动方程，在大多数情况下能够给出工程上足够的准确度。在这些线性化的运动方程中，变量不再表示运动参数本身，而是表示运动参数相对于基准运动状态下的增量。这些增量通常用希腊字母表示，如 $\Delta\theta$ 表示俯仰角的增量。

在飞行器动力学建模中，运动方程是描述飞行器运动速度增量、角速度增量、位置增量、姿态增量和偏舵量增量之间关系的数学表达式。当基准运动为定常直线无侧滑飞行时，运动方程可分为两组：纵向运动方程和侧向运动方程。纵向运动方程涉及无人机参考面内运动的变量，包括俯仰角增量、迎角增量、绕横轴的角速率增量、沿纵轴和竖轴的速度增量和位移增量以及升降舵偏角增量。这组方程描述了飞行器在俯仰方向上的运动特性，如爬升或下滑等。相应地，侧向运动方程涉及航向角增量、倾斜角增量、绕纵轴和竖轴的角速度增量、沿横轴的速度增量和位移增量以及副翼和方向舵偏角的增量。这组方程描述了飞行器在横滚方向上的运动特性，如转弯或侧滑等。这两组方程是相互独立的，它们分别描述了飞行器在不同方向上的运动特性，从而方便了飞行控制问题的研究和设计。例如，在设计飞控系统的俯仰通道时，我们只需采用纵向运动方程，因为俯仰通道主要负责调节飞行器在俯仰方向上的姿态；而在设计倾斜通道和航向通道时，我们只需采用侧向运动方程，因为这些通道主要负责调节飞行器在横滚方向上的姿态和航向。

无人机的飞行控制系统通常采用经典控制理论进行设计和分析。在应用经典控制理论时，研究对象一般以传递函数的形式进行描述。传递函数对于描述无人机的飞行控制问题极为方便，因为它提供了一种简洁而有效的方法来理解和分析系统的动态特性。无人机的传递函数是通过对小扰动线性化运动方程进行拉普拉斯变换得到的，它描述了某一运动参数的增量在舵偏角增量作用下的变化特性，如升降舵增量引起的俯仰角变化量的变化过程、副翼舵偏角增量引起的倾斜角变化量的变化过程等。换句话说，无人机的传递函数是以舵偏角增量为输入，以某一运动参数的增量为输出的拉普拉斯表达式。需要注意的是，无人机运动方程中的相关系数会随着飞行状态的变化而变化。在不同的高度、速度、迎角和侧滑角状态下，同一输出变量的传递函数所具有的参数是不同的。这意味着在不同的飞行状态下，我们需要使用相应的传递函数来准确描述无人机的动态特性。

4.1.2 飞机运动的特点及数学模型

1.模态的概念

模态是指运动系统的基本振动形式，是描述系统固有特性的一种方式。在时不变系统中，模态是系统运动的基本单位，多自由度系统通常有多个模态，系统的总运动可以看作各模态振动的线性组合。简正模态是指系统的振动模式可以由一组正交的基本振动模式线性组合而成。每个简正模态都具有固定的振幅比例关系和相位差，以及相同的频率和衰减或增长指数。不同的初始条件只会影响各简正模态的振幅，而不会影响同一模态中不同振动参数之间的幅值比例关系。简正模态之间是相互独立的，这意味着理论上我们可以通过设定适当的初始条件，只激发某个模态的振动，而不影响其他模态的运动。这种特性使我们在分析系统运动时可以将系统分解为简正模态来研究，简化了系统的分析和建模过程。

固定翼飞机的纵向运动有两个模态：长周期运动模态和短周期运动模态。侧向运动有三个模态：滚转阻尼模态、荷兰滚模态（也称振荡模态）和螺旋模态。

2.纵向扰动运动的两种模态

无人机的固定翼飞机在纵向运动中存在两种扰动模态。其中，短周期运动模态周期较短，衰减速度快，通常表现为飞机在纵向运动中的快速振荡；长周期运动模态的周期较长，衰减速度相对缓慢，通常表现为飞机在纵向运动中的缓慢振荡。

在无人机的纵向扰动运动中，俯仰角和迎角的变化速度较快，因此这些变量的演变过程主要归属于短周期运动模态。相对而言，速度和高度的变化速度较慢，因此它们的演变过程属于长周期运动模态。简而言之，长周期运动模态描述了飞机质心的移动，而短周期运动模态描述了飞机绕质心的旋转。这种划分可以让我们更好地理解飞机在纵向运动中的动态特性。长周期运动模态通常反映了飞机整体运动的趋势，而短周期运动模态更加关注飞机的局部动态变化，如俯仰角和迎角的瞬时变化。

无人机的纵向扰动运动可以概括为两个主要阶段。第一个阶段是初始阶段，这一阶段以迎角和俯仰角的变化为主要特征，代表了短周期运动，而飞行速度基本保持不变。第二阶段是后续阶段，这一阶段以飞行速度和爬升角的变化为主要特征，代表了长周期运动，而飞机的迎角基本上保持不变。这种分阶段的划分有助于简化对无人机运动特性的理解和分析，对于设计和优化飞行控制系统具有重要的实际意义。

（1）纵向短周期运动数学模型。纵向短周期运动俯仰角增量 $\Delta\theta$ 的近似传递函数为

$$W_{\Delta s_c}^{\Delta\theta}(s) = \frac{\Delta\theta(s)}{\Delta\delta_e(s)} = \frac{-A_\theta\left(s + \dfrac{1}{T_\theta}\right)}{s\left(s^2 + 2\xi_s\omega_s s + \omega_s^2\right)} = \frac{-K_\theta\left(T_\theta s + 1\right)}{s\left(T_s^2 s^2 + 2\xi_s T_s s + 1\right)} \quad （4-1）$$

式中，A_θ 为短周期运动 $\Delta\theta$ 传递函数的增益；T_θ 为短周期运动 $\Delta\theta$ 传递函数的时间常数；K_θ 为短周期运动 $\Delta\theta$ 传递函数的传递系数；ξ_s 为短周期运动的阻尼比；ω_s 为短周期运动的固有频率；T_s 为短周期运动的时间常数。

纵向短周期运动迎角增量 $\Delta\alpha$ 的近似传递函数为

$$W_{\Delta\delta_e}^{\Delta\alpha}(s) = \frac{\Delta\alpha(s)}{\Delta\delta_e(s)} = \frac{-A_\alpha\left(s + 1/T_\alpha\right)}{s^2 + 2\xi_s\omega_s s + \omega_s^2} = \frac{-K_\alpha\left(T_\alpha s + 1\right)}{T_s^2 s^2 + 2\xi_s T_s s + 1} \quad （4-2）$$

式中，A_α 为短周期运动 $\Delta\alpha$ 传递函数的增益；T_α 为短周期运动传递函数 $\Delta\alpha$ 的时间常数；K_α 为短周期运动传递函数 $\Delta\alpha$ 的传递系数；ξ_s 为短周期运动的阻尼比；ω_s 为短周期运动的固有频率；T_s 为短周期运动的时间常数。

对于常规构型的无人机，升降舵在距重心较远的平尾上，传递函数可进一步简化为

$$W_{\Delta s_e}^{\Delta\alpha}(s)=\frac{\Delta\alpha(s)}{\Delta\delta_e(s)}=\frac{-A_\alpha}{s^2+2\xi_s\omega_s s+\omega_s^2}=\frac{-K_\alpha}{T_s^2 s^2+2\xi_s T_s s+1} \quad (4-3)$$

且有

$$K_\theta=K_\alpha/T_\theta \quad (4-4)$$

由爬升角的定义可知

$$\Delta\theta_k=\Delta\theta-\Delta\alpha \quad (4-5)$$

故

$$W_{\Delta s_c}^{\Delta\theta_k}(s)=\frac{\Delta\theta_k(s)}{\Delta\delta_e(s)}=\frac{\Delta\theta(s)}{\Delta\delta_e(s)}-\frac{\Delta\alpha s)}{\Delta\delta_c(s)}=\frac{-K_0}{s\left(T_s^2 s^2+2\xi_s T_s s+1\right)} \quad (4-6)$$

为便于后续内容的学习，下面给出某型机短周期运动的近似传递函数：

$$\frac{\Delta\theta(s)}{\Delta\delta_e(s)}=\frac{-1.955\left(\dfrac{s}{1.371}+1\right)}{s\left[\left(\dfrac{s}{4.27}\right)^2+2\left(\dfrac{0.493}{4.27}\right)s+1\right]} \quad (4-7)$$

$$\frac{\Delta\alpha(s)}{\Delta\delta_c(s)}=\frac{-1.44\left(\dfrac{s}{248.5}+1\right)}{\left(\dfrac{s}{4.27}\right)^2+2\left(\dfrac{0.493}{4.27}\right)s+1} \quad (4-8)$$

（2）纵向长周期运动数学模型。定义切向速度相对增量 $\Delta\bar{v}=\dfrac{\Delta v}{v_0}$，其

中 v_0 为基准运动切向速度；Δv 为切向速度增量。

$$M_{\Delta e}^{\Delta \bar{v}}(s) = \frac{\Delta \bar{v}(s)}{\Delta \delta_e(s)} = \frac{K_\alpha (T_v s + 1)}{T_p^2 s^2 + 2\xi_p T_p s + 1} \qquad (4-9)$$

$$M_{\Delta \delta_e}^{\Delta \theta}(s) = \frac{\Delta \theta(s)}{\Delta \delta_e(s)} = \frac{-K_{p\theta} (T_{\theta 1} s + 1)(T_{\theta 2} s + 1)}{T_p^2 s^2 + 2\xi_p T_p s + 1} \qquad (4-10)$$

$$M_{\Delta \delta_e}^{\Delta a}(s) = \frac{\Delta \alpha(s)}{\Delta \delta_e(s)} = -K_{pa} \qquad (4-11)$$

式中，K_v 为长周期运动传递函数 T_v 的传递系数；T_v 为长周期运动 T_v 传递函数的时间常数；$K_{p\theta}$ 为长周期运动 $T_{\theta 2}$ 传递函数的传递系数；$T_{\theta 1}$、$T_{\theta 2}$ 为长周期运动 $T_{\theta 2}$ 传递函数的时间常数；K_{pa} 为长周期运动 K_{pa} 传递函数的传递系数；ξ_p 为长周期运动的阻尼比；T_p 为长周期运动的时间常数。

前述某型机的长周期运动近似传递函数为

$$\frac{\Delta \bar{v}(s)}{\Delta \delta_e(s)} = \frac{25.2 \left(\dfrac{s}{1.478} + 1 \right)}{\left(\dfrac{s}{0.068\ 26} \right)^2 + 2 \left(\dfrac{0.071\ 04}{0.068\ 26} \right) s + 1} \qquad (4-12)$$

$$\frac{\Delta \theta(s)}{\Delta \delta_e(s)} = \frac{-5.063\ 7 \left(\dfrac{s}{1.43} + 1 \right)\left(\dfrac{s}{0.009\ 81} + 1 \right)}{\left(\dfrac{s}{0.068\ 26} \right)^2 + 2 \left(\dfrac{0.071\ 04}{0.068\ 26} \right) s + 1} \qquad (4-13)$$

$$\frac{\Delta \alpha(s)}{\Delta \delta_e(s)} = -1.683 \qquad (4-14)$$

3. 侧向扰动运动的三种模态

无人机的侧向扰动运动通常包括滚转阻尼模态、荷兰滚模态和螺旋模态，这三种模态构成了侧向运动的主要特征。当飞机遭受侧向干扰时，侧向运动的变化是由这三种模态的简单运动叠加而成。其中，滚转阻尼模态表现为一种非周期的运动，其主要作用是抑制飞机的滚转运动；荷兰滚模态也是一种非周期运动模态，其主要特征是飞机的侧滑和滚转同时发生，对飞机的横向运动产生显著影响；螺旋模态则表现为一种振荡运动，能够引起飞机的侧向振荡，可能导致飞机出现持续的螺旋运动。在分析侧向扰动运动时，我们需要特别关注航向静稳定力矩和横向静稳定力矩的作用。这些静稳定力矩的主要功能是试图使飞机恢复到原来的状态，即基准状态。

（1）滚转阻尼模态。无人机在扰动运动初始阶段往往表现出迅速衰减的滚转运动，这种模态被称为滚转阻尼模态，简称滚转模态。这一现象主要是由于飞机的滚转转动惯量相对较小，而滚转阻尼较强所致的。在扰动运动刚开始的时候，飞机倾斜角速度和倾斜角迅速变化，而其他参数（如侧滑角、偏航角速度）的变化相对较小。这是因为飞机的滚转转动惯量远小于偏航转动惯量，所以在外部干扰作用下，飞机更容易产生滚转运动而不易产生偏航运动。同时，飞机的滚转阻尼较强，使滚转运动过程能够很快衰减，表现出迅速稳定的特性。滚转阻尼模态的迅速衰减是飞机在扰动运动初始阶段的显著特征之一。这种模态的存在使飞机能够快速地恢复到基准状态，从而提高飞行的稳定性和安全性。对于设计飞行控制系统和评估飞机的侧向稳定性来说，了解滚转阻尼模态的特性至关重要。

（2）荷兰滚模态（振荡模态）。滚转阻尼运动结束后，无人机的倾斜角、偏航角和侧滑角将会发生周期性的变化。在这个阶段，如果侧滑角引起的绕纵轴的横向静稳定力矩远大于绕竖轴的航向静稳定力矩，无人机就会比较突出地表现出荷兰滚运动。荷兰滚运动是一种典型的侧向扰动模态，它通常在滚转阻尼模态结束后出现。在这种运动中，无人机的侧滑角和倾斜角将会发生周期性的变化，同时伴随着偏航角的变化。这种运动是由于侧滑角引起的横向静稳定力矩相对较大而产生的一种振荡运动。在荷兰滚运动中，无人机的侧滑角将会周期性地发生变化，从而引起绕纵轴的横向运动。同时，倾斜角和偏航角也会随着侧滑角的变化而发生周期性的变化。这种运动模态的特点是具有周期性，振幅逐渐衰减，表现出一种稳定的振荡状态。对于无人机的设计和控制来说，了解荷兰滚运动的特性是非常重要的。通过对荷兰滚运动进行分析，我们可以更好地评估无人机的侧向稳定性和控制性能，进而优化飞行控制系统的设计，提高飞行器的飞行品质和安全性。

（3）螺旋模态。螺旋模态是固定翼飞机在侧向扰动运动中的一种特殊运动方式，表现为有一定偏航角速度、倾斜角单调而缓慢变化的运动。当侧滑角引起的绕竖轴的航向静稳定力矩远大于绕纵轴的横向静稳定力矩时，螺旋运动就会显著地表现出来。在螺旋模态中，飞机的偏航角速度会逐渐增加，倾斜角则会缓慢地变化。这种运动模态的特点是单调、持续且速度较慢，与其他运动模态相比，螺旋模态的变化更为缓和。在螺旋模态下，飞机的航向稳定性受到较大影响，使飞机呈现出偏航角速度单调增加的趋势。同时，倾斜角的变化相对缓慢，不像其他运动模态那样出现频繁的振荡。对于无人机的设计和控制而言，了解螺旋模态的特性也是至关重要的。

4.2　自主控制系统的架构

飞行器的运动参数包括三个姿态角（俯仰角、横滚角和偏航角），三个角速度（俯仰角速度、横滚角速度和偏航角速度），迎角，侧滑角，位移或位置（水平位置和高度）以及速度。在无人参与的条件下，自动飞行控制系统能够自动控制部分或全部上述参数，还能根据需要控制马赫数、法向过载等参数。自动飞行控制系统由被控对象（即飞行器）和自动控制器组成。自动控制器主要包括以下几个基本组成部分。

第一，测量单元（即传感器部件），用于测量飞行器运动参数，如速率陀螺测量角速度，垂直陀螺仪和航向陀螺仪测量俯仰角、滚动角以及偏航角。

第二，信号处理与计算装置（简称计算装置），用于对各种传感器的输出信号进行处理并按控制规律要求输出舵面控制信号。无人机的飞行控制系统中，常用的模拟式计算装置称为飞行控制盒，其主要组成部分包括综合放大模块、微分器、积分器、限幅器以及滤波器等。

第三，放大元件，用于对计算装置的输出信号进行放大。

第四，执行机构，根据放大元件的输出带动舵面偏转，亦称舵机。

图 4-1 为飞行自动控制器原理方块图。为实现舵面角度的准确控制、改善舵机性能，舵机控制中引入了反馈，所形成的控制回路称为舵回路。

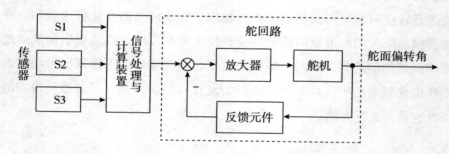

图 4-1 飞行自动控制器原理方块图

无人机的飞行自动控制器通常被称为自动驾驶仪，其基本功能是实现飞机的姿态和航向的稳定与控制。自动驾驶仪通过感知飞机的姿态和航向，并根据预设的控制算法，调节飞行器的舵面位置，以维持稳定的飞行姿态和航向。自动驾驶仪与飞行器构成的姿态和航向自动控制系统被称为稳定回路或内回路，如图 4-2 所示。

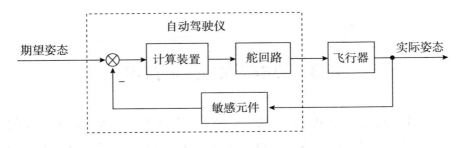

图 4-2　稳定回路

　　稳定回路与测量飞行器重心位置信号的导航系统组合，形成了更大的回路，即控制回路，其功能是对飞行器的位置进行稳定或控制。控制回路通过监测飞行器的位置变化，并根据预设的控制算法，调节飞行器的控制面位置，从而实现位置的稳定（如直升机的悬停），或者对飞行器进行轨迹控制，确保其按照预期的路径飞行。控制回路的结构如图4-3 所示。

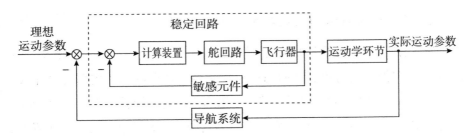

图 4-3　控制回路

　　无人机的飞行控制系统通过控制律来描述输出（如操纵面偏角、油门杆位置等）与所有输入信号（如姿态、航向、高度等）之间的动态数学关系。这些控制律决定了系统如何响应不同的输入信号，并确保无人机在飞行过程中保持稳定性并执行预定任务。其中，传动比是输出值与单个输入信号之比的稳态值，它反映了飞行控制系统中各个输入信号对输出的影响程度。

4.3 姿态与轨迹控制技术

无人机的姿态控制也称为角运动控制，是飞行控制系统的核心功能之一，用于稳定和控制飞行器的倾斜角、俯仰角和航向角。这一功能的实现依赖于自动驾驶仪，它是飞行控制系统中的关键装置。在数字式飞行控制系统中，自动驾驶仪的功能由软件模块和相应的硬件共同实现。这些软件模块负责处理输入信号，并根据预设的控制策略生成相应的控制指令。硬件部分则负责执行这些指令，通过控制飞行器的操纵面、油门位置等来实现姿态控制。

无人机的角运动可分为纵向角运动和侧向角运动，它们在控制系统的设计上有一定差异。

4.3.1 无人机纵向角运动的稳定与控制

纵向角运动是指无人机绕机体横轴的转动，涉及俯仰角、迎角及升降舵的变化过程。纵向角运动的稳定与控制由自动驾驶仪的俯仰通道完成。考虑到无人机的纵向角运动数学模型（俯仰角短周期传递函数）及舵回路的惯性，纵向角运动控制系统（常称为自动驾驶仪俯仰通道，如图4-4所示）中，因正的升降舵偏角产生负向的转动角速度 q，W_δ^q 的传递系数为负数。

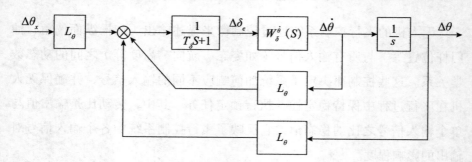

图4-4　纵向角运动控制系统结构图

1. 纵向角运动稳定与控制的一般过程

我们首先讨论俯仰角的稳定过程（ $\Delta\theta_g = 0$ ）。比例式自动驾驶仪稳定俯仰角运动过程中，相关参数的变化如图 4-4 所示。设无人机做平直等速飞行，爬升角 $\theta_{k0} = 0$ ，迎角 $\alpha_0 = \theta_0 > 0$ 。无人机受扰后出现俯仰角偏差 $\Delta\theta_0(\Delta\theta_0 > 0)$ 。由控制律知，产生的舵偏角增量 $\Delta\delta_e = L_\theta\Delta\theta > 0$ ，升降舵下偏，产生低头力矩，无人机绕横轴向下转动，出现 $\theta < 0$, $\Delta\theta$ 值减小。

再来看迎角的变化过程。无人机姿态角的变化比速度大小及速度方向的变化要快。如图 4-5 所示，当无人机受扰产生正向俯仰角偏差（抬头）时，由于速度的方向还来不及变化，故迎角也产生正向偏差（ $\Delta\alpha = \alpha - \alpha_0 > 0$ ）。随着舵偏角增量 $\Delta\delta_e$ 的产生，无人机纵轴开始向下转动，俯仰角增量 $\Delta\theta$ 和迎角增量 $\Delta\alpha$ 开始减小，但由于速度方向开始向上变化，因此 $\Delta\alpha$ 要小于 $\Delta\theta$ 。

若干扰消失，稳态时 $\Delta\theta$ 和 $\Delta\alpha$ 就都应为零。

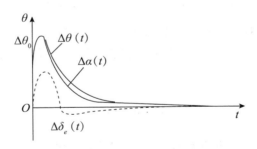

图 4-5　俯仰角运动的稳定过程

2. 阶跃垂直风干扰下俯仰角的稳定

当无人机进入垂直阵风区后，即使自动驾驶仪对姿态进行稳定控制，俯仰角和迎角恢复至原状态，其他飞行参数也可能会发生变化。例如，由于气流扰动引起的气动力变化可能会使飞机速度和高度发生波动。此外，侧滑角和横滚角也可能因风场的影响而发生变化。在这种情况下，自动驾驶仪可能会对侧滑角和横滚角进行调整，以保持飞机的稳定性和航向方向。因此，尽管俯仰角和迎角得到了恢复，但其他飞行参数可能仍会受到垂直阵风的影响而发生变化，需要自动驾驶仪通过调整操纵面来对这些参数进行控制，以确保无人机的稳定飞行。

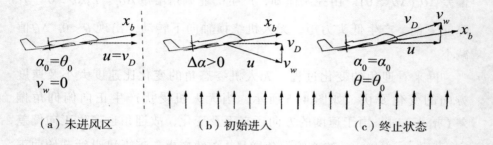

图 4-6　进入垂直阵风区前后几种状态的速度三角形

图 4-6(a) 表示无人机进入向上垂直气流前的状态。无人机的空速 u 和地速 v_D 都为水平方向且大小相等，即 $u=v_D$，无垂直风，风速 $v_w=0$，此时俯仰角与迎角相等，即 $\theta_0 = \alpha_0 > 0$。无人机刚进入向上的垂直气流区时，如图 4-6(b) 所示，风速 v_w 增加了空速在 z 轴的分量（为 $-v_w$），空速变为 $u=v_D-v_w$，机体纵轴和地速方向都来不及变化，因而产生了迎角增量：

$$\Delta\alpha = \arcsin\frac{v_{wx}}{u} \tag{4-15}$$

式中，u 为无人机空速的大小；v_{wx} 为风速在 z 轴的分量。

随着迎角增量 $\Delta\alpha$ 的产生，由于静稳定力矩的作用，无人机纵轴会向减小迎角的方向偏转，即俯仰角会减小（$\Delta\theta < 0$）。当俯仰角增量达到一定数值时，在自动驾驶仪作用下，俯仰角增量的数值会逐渐减小，而迎角增量的数值也会减小，如图 4-6(c) 所示，当过渡过程结束时，无人机俯仰角恢复到初始值 θ_0，迎角恢复到 α_0，即 $\Delta\theta = \Delta\alpha_0 = 0$。无人机空

速 u 方向仍为水平方向，空速与向上垂直风速 v_w 合成的地速 v_D 是朝上的。因此，过渡过程结束后，无人机保持原俯仰角和迎角，但会随风不断爬高。

4.3.2　无人机侧向角运动的稳定与控制

侧向角运动稳定与控制的任务是使无人机在平飞状态下的偏航角与倾斜角等于零，或利用自动驾驶仪控制无人机转弯。

1. 侧向角运动稳定与控制的基本方式

偏航力矩会使无人机纵轴在水平面内转动（产生偏航运动），而侧力会使速度方向在水平面内发生改变。通过方向舵和副翼，无人机可以实现侧向角运动的控制，一般有三种控制方式。

（1）通过方向舵稳定或控制航向。该控制方式的控制律主要利用的是两个陀螺仪感知到的姿态角偏离信号。首先，垂直陀螺仪感知到无人机的倾斜角偏离，并将该信号添加到倾斜通道，形成滚转稳定回路，以保持无人机的机翼水平。然后，航向陀螺仪感知到无人机相对给定航向的偏离，并将该信号添加到航向通道，形成航向稳定与控制回路，以保持无人机飞向给定的航向。为增加运动的阻尼，角速度信号也被加入各自的回路中。这种控制方式为

$$\begin{cases} \delta_a = I_\phi \phi + I_\phi \dot{\phi} \\ \delta_r = K_\phi \psi + K_\phi \left(\psi - \psi_g \right) \end{cases} \tag{4-16}$$

式中，δ_a 和 δ_r 分别为副翼、方向舵的偏舵量；ϕ 和 ψ 分别为倾斜角和偏航角；ψ_g 为给定航向角。这种控制律能够使无人机的倾斜角为零，并使航向与给定航向保持一致。在没有倾斜角的情况下进行航向的改变必然会产生侧滑。

（2）通过副翼修正航向。这种方式可将航向偏差信号送入滚转稳定回路，倾斜通道的控制律变为

$$\delta_a = I_\phi \phi + I_\phi \phi + I_\phi \left(\psi - \psi_g \right) \qquad (4-17)$$

当无人机纵轴的指向偏离给定航向 ψ_g 时，如 $\left(\psi - \psi_g \right) > 0$（机头偏右），此偏差信号会被加入倾斜通道，使 $\delta_a = I_\psi \left(\psi - \psi_g \right) > 0$，副翼左侧向上偏而右侧向下偏，产生负向滚转力矩，无人机向左倾斜（$\phi < 0$），机翼上的升力会有一个向左的水平分量，提供使空速矢量向左转的侧力，使无人机转向给定航向。当 $\phi < 0$ 时，$I_\phi \phi$ 与 $I_\phi \left(\psi - \psi_g \right)$ 的符号相反，所以随倾斜角的绝对值增大，副翼偏角 δ_a 会减小。当倾斜角达到一定角度值，$I_\phi \phi$ 与 $I_\psi \left(\psi - \psi_E \right)$ 的大小相等时，副翼回到初始位置（零位）。在空速矢量转向给定航向初期，无人机的纵轴还未转动，纵轴落后于空速矢量，出现侧滑角，无人机的偏航稳定力矩会使纵轴跟随空速矢量转动。随着无人机转向，航向偏差信号减小，会出现 $\left| I_\phi \phi \right| > \left| I_\psi \left(\psi - \psi_g \right) \right|$，副翼反向偏转，倾斜角 ϕ 开始减小，无人机航向逐渐回到给定的航向 ψ_g，倾斜角和侧滑角也都回到零位。

（3）同时用副翼和方向舵稳定与控制航向。这种控制方式是针对横滚和航向角运动的协调控制。协调控制可将某一通道的被调量加入另一通道，实现两个通道的协调控制方式，加入的信号则被称为协调交联信号。在这种控制方式中，具体的控制律存在两种情况。

①将航向偏差信号同时送入航向通道和倾斜通道。两个通道的控制律为

$$\begin{cases} \delta_a = I_\phi \phi + I_\phi \phi + I_\phi \left(\psi - \psi_\varepsilon \right) \\ \delta_r = K_\phi \psi + K_\phi \left(\psi - \psi_\varepsilon \right) - K_\phi \phi \end{cases} \qquad (4-18)$$

我们只要适当选取传递系数，就能够保证在最小侧滑或无侧滑的情况下，使无人机回到给定航向。这种消除侧滑角的方法属于开环补偿的方式，其目标是试图消除产生侧滑的原因。然而，产生侧滑的因素较多，再加

上飞行状态的变化，侧滑角很难完全被补偿。为了进一步减小侧滑角，我们可以采用闭环调整的方法，即引入侧滑角信号作为反馈。在这种情况下，航向通道的控制律会发生变化，以更加有效地调整飞行器的航向。闭环调整的控制律通常包括对侧滑角的反馈，这样系统就能够实时地感知飞行器的侧滑状态，并据此进行相应的调整。通过引入侧滑角信号，航向通道的控制律变为

$$\delta_r = K_\phi \psi + K_\psi \left(\psi - \psi_g \right) - K_\beta \beta \qquad （4-19）$$

②在倾斜通道和航向通道分别引入相应的交联信号。这种控制的特点是航向偏差信号被送入副翼通道，而副翼工作后产生的滚转信号被引入航向通道。该控制方式适用于小转弯状态，控制律为

$$\begin{cases} \delta_a = I_\phi \phi + I_\phi \phi + I_\phi \left(\psi - \psi_\varepsilon \right) \\ \delta_r = K_\phi \psi - K_\phi \phi \end{cases} \qquad （4-20）$$

2.航向自动稳定的过程

下面以式（4-20）的控制律为例分析航向自动稳定的过程。如图 4-7 所示，设无人机处于平直飞行状态，由于受扰出现左偏航，即 $\psi_0 = \psi - \psi_R < 0$，假定此时侧滑角为零（$\beta_0 = 0$）。在 $I_\psi \left(\psi - \psi_g \right)$ 信号作用下，副翼向左下右上偏转，产生正向滚转力矩，无人机向右倾斜，升力的水平分量成为向右的侧力，使空速矢量向右转动。由于空速矢量向右转动，超前于纵轴，产生正侧滑角。无人机向右倾斜，因 $-K_\phi \phi$ 信号使方向舵向右偏转。正侧滑角和方向舵右偏都产生使纵轴向右转动的偏航力矩，无人机趋向原航向。机体姿态的改变一般快于速度方向的改变，只要 K_ϕ 足够大，纵轴很快就能赶上且超过空速矢量，出现负侧滑角，产生负偏航力矩，使纵轴转动变慢。最终航向偏差、侧滑角和倾斜角都趋于零。

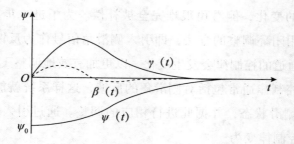

图 4-7　修正航向偏差角的过程

4.4　动态稳定性与控制策略

4.4.1　动态稳定性的理论基础

在无人机的导航与自主控制领域，动态稳定性是确保飞行安全和执行任务效率的关键技术之一。下面将详细探讨动态稳定性的理论基础，包括定义与重要性、影响因素、数学模型和分析方法，旨在为无人机系统的设计和控制提供深入的理论支持。

1.定义与重要性

在探讨现代航空技术中，特别是在无人机领域，动态稳定性的概念及其重要性占据了核心地位。动态稳定性可以被定义为无人机在面对外部干扰（如风速变化、气压波动等不可预测因素）时，能否自动恢复至原始飞行状态或维持预定轨迹的能力。这一定义说明，动态稳定性不仅是技术参数，还是确保无人机在各种复杂环境下安全、有效地执行任务的关键属性。

在深入探讨动态稳定性的重要性之前，我们有必要先理解无人机作为一个复杂系统，是如何通过其设计和控制逻辑来实现对外部干扰的响应和适应的。无人机的飞行状态是由内在的物理特性（如气动布局、重心位置、推力配置等）和外在的环境因素（如空气密度、风力、风向等）共同决定的。当外部环境发生变化时，无人机必须通过调整控制参数（如机翼偏舵角度、发动机推力等）来维持飞行稳定性。因此，动态稳定性实质上体现了无人机系统对外部变化的适应性和恢复能力，这种恢复能力的重要性不言而喻。

第一，动态稳定性直接关系到无人机能否顺利完成飞行任务。在复杂多变的飞行环境中，无人机可能会遭遇各种突发状况，如强风干扰、气流紊乱等。只有具备良好动态稳定性的无人机，才能在这些情况下迅速调整，保持或恢复飞行轨迹，确保任务的顺利进行。

第二，动态稳定性直接影响到无人机的飞行安全。在遇到紧急情况（如避开突然出现的障碍物或应对恶劣气象条件）时，能否迅速恢复稳定状态决定了无人机能否避免事故的发生。

第三，动态稳定性的优劣也反映了无人机设计和控制系统的先进性和科学性。一个设计精良、控制精准的无人机系统，能够更有效地应对外部干扰，展现出更强的动态稳定性。这不仅需要高效的控制算法、精确的传感器和响应迅速的执行机构的支持，还需要对无人机的气动布局、结构设计等进行科学合理的规划。因此，动态稳定性的实现和优化，实质上是一个涉及多学科交叉、技术集成的复杂工程问题。

在现代无人机研发和应用过程中，动态稳定性的重要性愈发凸显。随着任务需求的多样化和飞行环境的复杂化，无人机需要在更广泛的条件下展示出优异的飞行性能和高度的自主适应能力。从执行精确打击、进行气象探测，到执行城市空中交通任务，每一种应用场景都对无人机的动态稳定性提出了更高的要求。因此，无论是在无人机的设计初期，还是在后续的测试验证和实际应用中，动态稳定性都是评估无人机性能的关键指标之一。

2.影响因素

在无人机的飞行性能研究中，动态稳定性是一个复杂且多维度的概念，它的表现和水平受到多种因素的影响。这些因素包括但不限于无人机的气动设计、飞行环境以及操作控制系统。理解这些因素如何共同作用，对于设计和实现具有高动态稳定性的无人机系统至关重要。

气动设计在无人机动态稳定性中扮演着基础且决定性的角色。无人机的形状、尺寸以及气动布局直接影响其在飞行中的气动特性，进而影响动态稳定性。翼型的选择关乎升力和阻力的平衡，不同的翼型在不同的飞行条件下展现出的气动性能也不同，这直接关系到无人机在遇到干扰时的恢复能力。机翼布局包括正梯形、反梯形或三角翼等，它们各自具有独特的气动优势和劣势，在设计时需根据无人机的使用目的和飞行环境做出合理选择。尾翼的设计包括大小、形状以及与机翼的相对位置，这些都会影响无人机的俯仰、滚转和偏航稳定性。因此，气动设计不仅是实现无人机动态稳定性的基础，还是优化无人机飞行性能的关键。

飞行环境对无人机的动态稳定性具有重要影响。无人机在执行任务过程中，必然会面对多变的外部环境，包括风向和风速的变化、大气密度和温度的波动等。这些因素可以极大地改变飞行条件，影响无人机的气动特性和控制效果。例如，强风可以引起无人机的偏航或翻滚，大气密度的变化则会影响升力和阻力的大小。无人机系统需要具备高度的适应性，能够实时感知环境变化并迅速做出反应，以维持飞行稳定性。这要求无人机不仅要有精确的环境感知能力，还需要能够根据实时数据调整飞行状态，以适应不断变化的飞行环境。

操作控制系统是实现无人机动态稳定性的关键技术环节。一个高效的控制系统能够确保无人机在遭遇外部干扰时，能够迅速而精确地调整飞行状态，恢复稳定。操作控制系统包括高级的控制算法、快速响应的执行机构以及精确可靠的传感器系统。控制算法需要能够处理复杂的飞行数据，实时计算出最优的控制指令。执行机构（如舵面和推进系统）必须能够快速、精确地按照控制指令做出反应。传感器系统则是连接外部环境与控制系统的桥梁，其准确性和可靠性直接影响控制系统的判断和反应能力。因此，操作控制系统的设计和实现，是确保无人机动态稳定性的技术保障。

3. 数学模型与动力学方程

在无人机系统的设计和分析中，数学模型和动力学方程起着决定性的作用，它们为理解和预测无人机在各种条件下的行为提供了一种数学上的方法。

数学模型是对现实世界物理现象的数学抽象和表示。在无人机系统中，数学模型涉及将无人机及其环境的行为转化为数学表达式和方程。数学模型的构建首先需要定义系统的变量和参数，包括但不限于无人机的位置、速度、加速度、姿态角以及环境因素（如风速和气压）。接着，我们可基于物理定律（如牛顿运动学定律、流体动力学定律等）和实际飞行经验，建立这些变量间相互关系的数学表达式。构建数学模型的目的是在不进行实际飞行测试的条件下，通过数学和计算方法预测无人机的行为。这一过程涉及多个学科的知识，包括航空航天工程、控制理论、计算机科学等。在模型中引入的简化假设对于降低问题的复杂度至关重要，但也需要谨慎处理，以避免过度简化导致模型失去对实际情况的预测能力。

动力学方程是数学模型的核心，描述了无人机动态行为的基本规律。这些方程通常基于基本物理原理而建立，如牛顿第二定律（$F=ma$）以及能量守恒定律等。对于无人机来说，动力学方程不仅要考虑机体本身的动力学特性，还需要考虑外部环境因素的影响。动力学方程的形式通常取决于无人机的特定应用和设计要求。在最简单的形式中，我们可以将无人机视为质点，使用线性方程描述其运动。然而，为了获得更高的模型精度，考虑到无人机的旋转、翻滚、偏航等动态行为，以及由于气流变化、温度和压力差异等环境因素造成的影响，我们通常需要采用更复杂的非线性方程。动力学方程的求解是一个挑战，尤其是在面对复杂的非线性方程时。通常我们需要借助数值方法和计算机模拟技术进行。这些方法包括有限元分析、差分方程的数值积分以及为了模拟控制系统响应而采用的各种算法。

数学模型和动力学方程在无人机的设计、测试和运营过程中发挥着十分重要的作用。它们不仅能够用于设计阶段，评估不同设计方案的性能，还可用于飞行前的仿真测试以及实际飞行中的动态稳定性分析和故障诊断。通过对无人机的动力学模型进行仿真，工程师可以在不同飞行条件下预测无人机的性能，识别可能的设计缺陷并进行优化。这些模型还支持开发更高效、更可靠的控制策略，以提高无人机的操作性能。

4. 稳定性分析方法

在无人机系统的设计和分析过程中，动态稳定性分析占据了极其重要的位置。为了确保无人机能在各种飞行条件下保持良好的性能，工程师和研究人员必须对无人机的动态稳定性进行精确的预测和评估。这不仅涉及无人机在正常飞行条件下的表现，还要考虑到无人机在遇到突发情况时的反应和恢复能力。因此，动态稳定性分析方法被广泛应用于无人机的设计、验证和操作优化过程中。动态稳定性的分析通常利用无人机的数学模型和动力学方程，这些模型和方程描述了无人机与其飞行环境之间的复杂相互作用。为了处理这一问题的复杂性，研究人员设计了多种分析方法，包括线性稳定性分析、非线性稳定性分析以及小扰动理论等。这些方法从不同角度和层次上揭示了无人机动态稳定性的本质和影响因素，为无人机的设计和控制提供了理论基础和技术路径。

线性稳定性分析是一种常用的分析方法，它依赖于将无人机动力学模型线性化的简化处理。通过对线性化模型的特征值进行计算和分析，线性稳定性分析可以得到系统对小幅度扰动的响应特性。特征值的实部和虚部体现了系统稳定性和振荡特性的重要信息。若系统的所有特征值的实部都小于零，则系统被认为是稳定的，反之则不稳定。线性稳定性分析的优点在于其数学处理相对简单，可以提供快速的稳定性评估。然而，这种方法的局限性在于它只适用于小扰动情况，对于大幅度扰动或非线性效应则无法准确预测。为了解决线性稳定性分析在处理复杂系统行为时的局限，非线性稳定性分析方法被提出。这种方法不对系统进行线性化处理，而是直接分析系统的非线性动力学方程。非线性稳定性分析通常需要借助高级的数值模拟技术和计算机辅助工具，如时域仿真、相平面分析和李雅普诺夫指数计算等。通过这些方法，非线性稳定性分析可以详细研究系统在大幅度扰动下的动态行为，识别非线性效应对系统稳定性的影响。非线性稳定性分析尽管能提供更加全面和深入的分析方法，但其计算过程复杂，对计算资源的需求较高。小扰动理论则提供了一种折中的分析手段。这种方法建立在一个假设之上，即外部扰动相对于无人机的飞行状态是小幅度的，因此可以在一定程度上简化动力学方程。通过对简化后的方程进行分析，小扰动理论能够在不牺牲太多准确性的前提下，相对快速地评估无人机在微小偏离稳态飞行时的性能。这种方法特别适用于稳态飞行或轻微扰动的场景，为无人机的稳定性和控制性能分析提供了有效工具。

4.4.2　控制策略的设计与实现

在无人机系统的设计和操作中，控制策略的设计与实现是确保飞行安全和性能的关键环节。随着无人机技术的快速发展，这些系统面临着更加复杂的飞行环境和更高的性能要求。因此，开发高效、可靠的控制策略对于提升无人机的动态稳定性和整体性能至关重要。在现代无人机控制领域，工程师和研究人员已经提出了多种控制方法以应对各种挑战，包括传统的 PID 控制、自适应控制、鲁棒控制、模糊逻辑控制和神经网络控制等。这些方法各有特点，能够满足不同的控制需求，应对不同的飞行环境。

PID 控制是比较基础也是应用较为广泛的控制策略之一。它包括比例（P）、积分（I）和微分（D）三个部分，可通过调整这三个参数来实现对无人机的精确控制。PID 控制的优势在于其简单性和易于实现，能够有效地应对许多标准控制问题。然而，PID 控制的局限性在于它依赖线性模型，对于复杂的非线性系统或在面对强烈外部扰动时，其性能可能会受到限制。

为了克服 PID 控制的这些限制，自适应控制策略被提出。自适应控制能够根据系统的实时反馈调整控制参数，以适应模型的不确定性和外部环境变化。这种控制方法特别适合于参数变化或模型未完全知道的情况。自适应控制通过动态调整其策略，保证了无人机在多变环境中的稳定性。然而，自适应控制的设计和实现相对复杂，需要精确的数学模型和算法来确保控制系统的稳定性和有效性。

鲁棒控制是用来增强无人机系统对未知扰动和不确定性的抵抗能力的控制策略。通过考虑系统模型的不确定性，鲁棒控制策略能够确保无人机在广泛的操作条件下保持稳定。鲁棒控制的核心在于它的"鲁棒性"，即能够容忍一定程度的模型误差和外部扰动，保持系统的性能。鲁棒控制尽管提供了对抗不确定性的强大工具，但其设计往往需要复杂的数学分析和优化，可能导致控制律的实现变得较为困难。

随着人工智能技术的发展，模糊逻辑控制和神经网络控制逐渐成为处理高度非线性和不确定性问题的有力工具。模糊逻辑控制通过模拟人类的决策过程，允许系统在模糊和不确定的环境中做出响应。这种方法特别适合难以用传统数学模型精确描述的控制问题。神经网络控制则利用其强大的学习和逼近能力，能够通过数据学习控制策略，适应复杂的动态环境。这两种控制方法提供了新的视角和工具，以应对传统控制方法难以解决的问题。然而，这些方法的实现和优化需要大量的数据和计算资源，且系统的解释性和稳定性保证也面临着挑战。

通过案例分析和实验数据，这些控制策略在实际无人机系统中的应用效果得到了验证。无论是通过传统的 PID 控制实现基本的飞行稳定，还是利用自适应控制和鲁棒控制应对复杂环境的挑战，或是采用模糊逻辑和神经网络控制处理高度非线性和不确定性问题，这些控制策略都极大地提升了无人机的性能。每种控制方法的选择和设计都需考虑无人机系统的具体要求、操作环境以及实现的复杂性和成本。综合这些因素，设计和实现适合特定无人机系统的控制策略，是确保无人机高效、安全运行的关键。

4.5　控制系统的实现技术

在探讨无人机系统的控制策略及其设计与实现之后，本节将深入探讨控制系统的实现技术。这些技术是实现高效、可靠无人机控制系统的基础，包括硬件设计、软件开发、系统集成以及测试与验证等关键环节。针对无人机控制系统的复杂性和高要求，本节将详细介绍各种实现技术的原理、应用和最佳实践，确保无人机系统能够在各种环境中稳定、高效地运行。

4.5.1　硬件设计

在现代无人机技术中，硬件设计的重要性不可小觑，它是实现高级控制策略的物理基础，关乎无人机性能的高低和应用的广泛性。一个精心设计的硬件系统可以使无人机在各种环境下都表现出色，无论是在高速飞行中的稳定性，还是在执行复杂任务时的准确性，都离不开硬件的支持。下面将深入探讨无人机控制系统硬件设计的各个组成部分（包括飞控计算单元、传感器、执行机构以及通信设备等），分析它们各自的功能和在系统中的作用，以及如何通过优化配置来确保系统整体的性能。

飞控计算单元是无人机控制系统的大脑，负责处理所有的控制算法并执行任务指令。在设计飞控计算单元时，我们必须考虑到飞控计算单元的处理能力，因为这直接关系到无人机对于复杂指令的响应速度和处理效率。高性能的飞控计算单元可以实时处理大量数据，执行复杂的控制算法，确保无人机在飞行中的稳定性和灵活性。此外，飞控计算单元还需要具备良好的抗干扰能力，以确保在复杂的电磁环境中也能稳定工作，保障飞行安全。

传感器是无人机感知外界环境和自身状态的关键，包括陀螺仪、加速度计、磁力计等。这些传感器能够提供无人机当前的飞行姿态、速度、方向等关键信息，对于实现稳定飞行控制至关重要。在设计传感器系统时，我们需要考虑传感器的精度、响应速度和可靠性。高精度的传感器可以提供更准确的飞行数据，增强无人机对飞行状态的控制精度；快速响应的传感器能够及时反馈环境变化，使无人机能够迅速调整飞行姿态，应对复杂情况；传感器的可靠性也非常重要，它能直接影响无人机飞行的安全性。

执行机构包括电机和伺服机构等，是无人机将控制命令转化为实际飞行动作的关键部件。电机的选择和配置直接影响着无人机的飞行速度、爬升能力和悬停稳定性。高性能的电机可以提供更强大的推力，使无人机具有更好的飞行性能。伺服机构的精度和响应速度则直接关系到控制的准确性和敏捷性，对于完成精细操作任务至关重要。在设计执行机构时，我们还需要考虑执行机构与飞控计算单元的协同工作，确保命令的及时准确传递。

通信设备是无人机与外界（包括地面控制站和其他无人机）进行信息交换的桥梁。在选择通信设备时，我们需要考虑通信设备的传输距离、稳定性和安全性。长距离的通信能力可以扩大无人机的作业范围，稳定、可靠的通信则是保障任务顺利完成的基础。此外，通信安全性也非常重要，需要通过加密技术等手段防止数据被截获或干扰，确保飞行任务的安全性。

在无人机控制系统的硬件设计中，选择合适的组件并优化配置是确保系统整体性能的关键。这不仅需要深入理解每个组件的功能和特性，还需要考虑它们之间的相互作用和整体系统的性能需求。通过精心设计和优化配置，我们可以构建出高性能、高可靠性的无人机控制系统，使无人机能够在各种环境中稳定、高效地执行任务。随着无人机技术的不断进步和应用领域的不断扩展，硬件设计的重要性将愈发凸显，对于推动无人机技术发展和应用具有重要意义。

4.5.2　软件开发

在无人机控制系统中，软件开发是实现高级功能和确保系统稳定性的关键。软件层面的设计与实现覆盖了控制算法的具体实施、飞行任务的管理、传感器数据的处理以及用户交互界面的构建等多个方面。这些组件合作紧密，能够共同确保无人机安全、高效地执行飞行任务。接下来，我们将深入探讨控制系统软件开发的各个关键环节，揭示其在无人机技术中的重要作用和实现细节。

控制算法的实现是软件开发的核心部分。在无人机的飞行控制中，算法不仅需要处理复杂的数学计算，还要实时响应外界环境变化和飞行状态的调整。因此，软件框架需要具有高度灵活性和可扩展性，以适应各种飞行模式和控制策略。控制算法的编码需要高度精确，保证无人机能够精确地执行飞行姿态调整、速度控制等操作。此外，算法的效率直接关系到控制指令的响应时间，对于实现无人机的快速反应和稳定飞行至关重要。因此，开发人员必须采用优化的编程技术，确保算法既准确又高效。

飞行任务管理软件的开发关乎无人机的任务规划和执行效率。这一部分软件负责制定飞行计划、优化飞行路径，并进行安全监控。在任务规划方面，软件需要能够根据任务需求和环境条件，智能地规划出最优的飞行路线，这不仅包括路径的选择，还涉及飞行高度、速度等参数的优化，以提高飞行效率和安全性。飞行任务管理软件还需要具备异常处理能力，能在遇到紧急情况时迅速做出决策，调整飞行计划，确保安全。因此，该软件的开发需要综合考虑飞行策略、安全要求和实时性能，实现高效、可靠的飞行管理。

数据处理软件是无人机系统中的"感知器官"，能够处理来自各种传感器的数据，提供关于无人机当前状态和外部环境的实时信息，这一过程包括数据的采集、预处理、融合和分析等步骤。高效的数据处理软件能够从复杂的传感器数据中提取有用信息，为控制算法提供准确的输入，是实现无人机自主飞行和任务执行的基础。开发这一部分软件时，我们需要处理来自不同传感器的数据融合问题，解决数据噪声和不确定性，确保信息的准确性和可靠性。

用户交互界面设计直接关系到无人机系统的操作便捷性和用户体验。一个直观、易用的用户交互界面可以大大提高操作的效率和准确性，降低操作错误的可能性。在设计用户交互界面时，开发者需要考虑用户的操作习惯和需求，提供清晰的信息展示和简洁的操作流程。此外，用户交互界面还需要提供足够的反馈信息（如飞行状态、任务进度和系统警告等），帮助用户实时了解无人机的运行情况。

在整个软件开发过程中，高度的专业技能和严格的测试验证是保证软件质量的关键。开发团队需要通过综合测试（包括单元测试、集成测试和系统测试等），确保每一部分软件都能可靠地工作，满足性能要求。通过不断的迭代和优化，无人机控制系统的软件可以达到高度的成熟和稳定，为无人机提供强大的飞行控制和管理能力，满足日益增长的应用需求。

4.5.3　系统集成

系统集成在无人机控制系统的实现过程中扮演着枢纽的角色，不仅要求硬件和软件之间的高效配合，还需要确保系统内不同组件之间能够协同工作，共同完成复杂的飞行任务。这一过程的目标是打造一个既高效又可靠的系统，使系统能够在各种环境和条件下稳定运行。为实现这一目标，我们需要克服一系列技术挑战，包括但不限于接口兼容性、数据同步、实时性要求等。在详细探讨这些挑战及解决方案的同时，下面将深入分析系统集成的重要性和实施方法，揭示系统集成在无人机控制系统开发中的关键作用。

系统集成先要确保硬件和软件之间的无缝对接。在硬件层面，无人机控制系统包括但不限于飞行控制单元、各类传感器、执行机构和通信设备，这些组件必须根据预定的标准和协议进行设计和配置，确保能够顺利交换信息。在软件层面，从底层的驱动程序到高层的应用软件，每一层都需要精确匹配硬件的性能特点，以发挥系统的最大效能。在这一过程中，开发者需要综合考虑硬件的物理特性和软件的设计要求，通过精心设计的接口和协议，实现硬件与软件的深度融合。

接口兼容性是系统集成中的一大挑战。不同厂商生产的组件可能会有不同的接口标准和通信协议，这就要求我们在做系统集成时必须进行详细的兼容性测试和必要的适配工作。例如，传感器数据的接收和处理需要特定格式和协议的支持，执行机构的控制则可能依赖于特定的信号和指令集。在这种情况下，开发者需要设计和实现中间件或转换层，以保证数据和指令能够在不同组件之间准确无误地传递。

数据同步是另一个关键问题。在复杂的飞行任务中，无人机需要实时处理来自多个传感器的数据，并据此做出控制决策。这就要求系统能够实现高效的数据同步和融合，确保控制算法能够基于最新、最准确的信息进行运算。数据同步的挑战不仅在于数据量大、处理时间短，还涉及数据时效性和一致性的保证。为了解决这一问题，我们需要采用高效的数据处理框架和同步机制（如时间戳标记、数据缓冲区管理等技术），以确保数据在正确的时间以正确的方式被处理和使用。

实时性要求是系统集成必须重点关注的方面。无人机控制系统需要在毫秒级别内响应外界环境变化和控制指令，这就对系统的实时性能提出了极高的要求。为实现这一目标，我们需要对系统的每一个环节进行优化，从硬件的选型和配置到软件的设计和实现，每一步都必须考虑实时性的影响。此外，系统还需要采用实时操作系统（RTOS）和实时通信协议，以保证任务的及时执行和数据的实时传输。

有效的系统集成不仅能提升无人机的性能，还能为未来的升级和扩展打下坚实的基础。通过采用模块化设计和标准化接口，系统集成可以实现组件的快速更换和升级，支持新技术和新功能的引入。此外，良好的系统集成还能提高系统的维护性和可测试性，降低运维成本，延长系统的使用寿命。

4.5.4 测试与验证

测试与验证是无人机控制系统开发过程中的重要环节，能够确保系统的可靠性和安全性满足既定的设计要求。通过一系列细致且系统的测试活动，开发团队可以发现并修复缺陷，优化系统性能，并验证系统设计的正确性。测试与验证过程涵盖了从软件单元测试到硬件性能测试，再到系统集成测试以及实际飞行测试等多个阶段，每个阶段都对控制系统的稳定运行至关重要。

在软件开发领域，软件单元测试是确保每个软件组件按预期工作的基本方法。对于无人机控制系统而言，每一个控制算法、数据处理模块和用户交互界面元素都需要经过详尽的单元测试，以验证各自的性能指标。通过自动化测试框架，测试用例可以覆盖各种正常和异常情况，确保软件代码的质量和鲁棒性。软件单元测试不仅能够帮助开发者识别和修复具体的编程错误，还能够验证算法的逻辑和实现是否符合设计规范。

硬件性能测试关注的是无人机控制系统中各个硬件组件的物理性能，包括但不限于传感器的精度测试、执行器的响应时间和力度测试以及通信系统的稳定性和延迟测试。硬件性能测试还需要评估系统在不同环境条件下的表现，包括温度、湿度、震动等因素对系统性能的影响。通过硬件性能测试，开发团队可以确保每个硬件组件都能在预定的性能范围内稳定工作，为系统的整体稳定性和可靠性提供坚实的基础。

系统集成测试是在软件单元测试和硬件性能测试完成后的下一步，

它的目的是验证各个系统组件能否协同工作、共同完成预定的任务。在这一阶段，测试的重点是探测接口之间的兼容性问题、数据交换的准确性以及任务执行的协调性。系统集成测试需要在尽可能接近实际运行环境的条件下进行，以确保测试结果的有效性。此外，系统集成测试还应覆盖系统的故障恢复能力和异常处理机制，确保系统能够在遇到问题时进行有效的自我修复或安全降级。

实际飞行测试是测试与验证过程的最后一步，需要将无人机控制系统置于真实的飞行环境中，评估系统在实际操作中的表现。实际飞行测试不仅需要验证系统的基本飞行性能（如起飞、航向控制、稳定悬停和降落等），还需要评估系统对于复杂飞行任务的执行能力（包括路径规划、避障、目标跟踪等高级功能）。实际飞行测试可以全面评估无人机控制系统在各种天气条件和突发事件下的稳定性和可靠性，确保系统能够安全应对实际飞行中可能遇到的各种挑战。

测试与验证的过程不应被视为开发工作的尾声，而是一个持续的、与系统开发并行的活动。通过迭代的测试和验证，我们可以不断地识别和修复系统中的问题，并提高系统的可靠性和安全性。此外，测试与验证活动还为系统的未来升级和功能扩展提供了重要的反馈，有助于指导无人机控制系统的持续改进和发展。

通过上述探讨，我们可以看到，无人机控制系统的实现技术涵盖了从硬件设计、软件开发到系统集成和测试验证的全过程。每一个环节都是确保无人机稳定、安全飞行的关键。随着无人机技术的不断进步和应用领域的不断扩大，控制系统的实现技术也将不断发展，以满足更高的性能要求和更广泛的应用需求。在此基础上，无人机系统将在各种环境中执行复杂的任务，展现出广阔的应用前景。

4.6 数字化与集成化控制技术

数字化飞行控制系统又称飞行计算机控制系统，是指利用数字计算机进行控制律解算的飞行控制系统。在这一系统中，飞行控制计算机（简称飞控计算机）扮演着重要的角色，是系统的核心组成部分之一。飞控计算机的作用涵盖了飞行器的主动控制、综合控制以及飞行管理等多个方面。

4.6.1 数字化飞行控制系统的提出

自 20 世纪 60 年代模拟式电传飞行控制系统产生和发展以来，随着计算机技术的迅速发展，数字式电传飞行控制系统逐渐取代了模拟式系统。这一转变的主要原因在于，随着数字技术的不断成熟和进步，使数字式系统具有了更高的性能优势。特别是在无人机领域，随着无人机性能的不断提升和应用范围的扩大，人们对飞行控制系统的要求也日益增加。模拟式系统在满足现代飞行控制系统发展需求方面已经显得力不从心。而数字式系统具有更强的数据处理能力、更高的精度和更快的响应速度，能够更好地满足复杂飞行任务的需求。数字式电传飞行控制系统不仅可以实现更加精确的姿态控制和航向稳定，还可以通过先进的控制算法和自适应系统实现更加智能化的飞行控制。此外，数字化技术还为系统的集成和互联提供了更广阔的空间，使整个飞行控制系统更加模块化、可扩展和易于维护。

随着飞行控制技术的飞速发展和无人机作战需求的不断增加，人们对飞行控制系统功能的要求也不断提升。这些要求涵盖了多个方面，包括直接力控制、颤振抑制、自动导航控制、自动着陆控制等。传统的模拟式飞控系统很难满足这些多样化的任务要求，因为它们在处理大量数

据、复杂控制逻辑和实时响应等方面存在局限性。数字控制系统（或称
计算机控制系统）则能够有效地解决这些挑战。数字控制系统具有高度
灵活性和可编程性，能够适应不同的任务需求，并且能够实现更高级别
的飞行控制功能。通过实时获取和处理大量的飞行状态变量、大气数据、
导航参数等信息，数字控制系统能够迅速响应各种复杂情况，并在较短
的时间内制定最优的控制策略，从而确保无人机的稳定飞行和精准操作。
数字控制系统能够通过先进的控制算法和自适应系统来实现颤振抑制，
提高无人机的飞行品质和安全性。数字控制系统还能够集成自动导航控
制和自动着陆控制等功能，使无人机在执行各种任务时能够更加智能化、
自主化和高效化。

　　模拟式飞行控制系统在应对复杂控制任务和确保系统安全性方面面
临着诸多挑战。特别是对于采用三余度或四余度系统的情况，要想通过
监控和余度管理来保证系统的安全，就必须增加大量的硬件。这样的做
法不仅会增加系统成本，还会导致自检和系统部件间接口的复杂性增加，
从而使整个系统变得越来越复杂。据统计数据，采用模拟式系统单通道
完成指定控制功能的电子装置数量通常为 1。然而，若要实现三余度系
统的指定控制功能，所需的全部电子装置数会显著增加，约为 2.2 倍；
对于四余度系统，这一数字则更高，分别为 2.7 倍和 25~60 倍。这种增
加主要源自系统中额外引入的监控和余度管理装置，以确保系统在出现
故障时能够继续安全运行。相比之下，数字化飞行控制系统则提供了更
为灵活和高效的解决方案。通过采用软件实现余度管理功能，数字控制
系统能够在不增加过多硬件的情况下，有效地管理系统的复杂性。因此，
数字计算机控制系统能够更好地适应不断增加的飞行控制任务需求，提
高无人机的飞行安全性和可靠性。

　　数字化飞行控制系统主要有以下优点。

　　第一，能适应高度、速度、机翼外形、操纵状态等变化所引起的无
人机气动导数的变化。

第二，容易实现复杂的控制规律和系统功能，如多维复杂的非线性调参、自动着舰等。

第三，容易实现更高程度的系统综合。

第四，各种功能的重复性好。

第五，容易实现机内自检测功能。

第六，研制过程中的灵活性大，控制律的改变可以通过更改软件实现，比更改硬件要容易。

第七，系统可靠性高。

第八，易于减小尺寸，降低成本。

随着无人机技术的不断发展，数字化飞行控制系统在无人机飞行控制中的应用日益广泛。当前，无人机座舱已逐步实现数字化，这使得数字化飞行控制系统能够通过标准的机内总线与无人机上的其他航空电子系统更加轻松地进行通信。这一趋势不仅提高了无人机完成各类任务的能力，还对民用无人机的适航能力和经济效益产生了积极影响。数字化飞行控制系统的应用使无人机能够更有效地完成各种作战任务，包括空－空和空－地任务。在军事应用方面，数字化飞行控制系统为无人机提供了更高的任务灵活性和作战效能，使无人机能够执行更加复杂和多样化的任务，如侦察、监视、打击等。这种高度自动化的飞行控制系统不仅提升了作战效率，还增强了作战实力。而在民用领域，数字化飞行控制系统的应用也具有重要意义，它能够提高民用无人机的适航能力，使无人机能够更安全、更可靠地执行各类任务，如航拍、物流配送、环境监测等。数字化飞行控制系统通过高效的数据处理和实时通信，使民用无人机的应用范围更广，为各行业提供了更多的应用可能性。与有人驾驶飞机相比，无人机在某些功能方面要求具有更高的飞行控制系统，如自动着陆、自动着舰以及对敌攻击等。这些功能对飞行控制系统的稳定性、精度和实时性提出了更高的要求，而数字化飞行控制系统正是能够满足这些需求的理想选择，它通过先进的算法和实时数据处理，实现了更精准、更可靠的飞行控制，从而使无人机能够在各种复杂环境下执行任务，并确保任务的高效完成。

4.6.2 飞行控制计算机系统的典型结构

1.飞控计算机的主要功能

飞行控制计算机是无人机飞控系统的核心部件，其主要功能如下。

（1）采集无人机运动的反馈信号，并对其进行必要的转换与处理。

（2）对飞行控制系统的工作模式进行管理与控制。

（3）计算不同工作模式中的控制律，并生成必要的控制指令。

（4）对各种控制指令进行输出与管理。

（5）对飞控系统中各传感器及伺服作动器进行余度管理。

（6）对飞控计算机本身的硬件及软件进行余度管理与检测。

（7）完成飞行前地面及飞行中机内对飞控系统各子系统及部件的自动检测。

（8）完成与机内其他任务计算机及电子部件信息交换的管理。

2.飞控计算机通道结构

为了实现无人机飞行控制的各项功能，余度飞行控制计算机通常由多个功能模块构成，每个模块负责执行特定的任务。尽管不同飞行控制计算机的构成方案可能有所不同，功能模块的划分也会有所差异，但它们都致力于实现相似的基本功能。这些功能模块通常包括姿态控制模块、航向控制模块、高度控制模块、速度控制模块等。姿态控制模块负责监测和维持飞行器的姿态稳定，确保飞行器在空中保持正确的姿态。航向控制模块专注于保持飞行器的航向稳定，使飞行器能够按照指定的航向飞行。高度控制模块负责监测和调节飞行器的高度，确保飞行器在飞行过程中保持合适的高度。速度控制模块则负责监测和调节飞行器的速度，以确保飞行器按照预定的速度飞行。余度飞行控制计算机还可能包括故障检测与容错模块、导航模块、通信模块等。故障检测与容错模块用于监测系统中的故障，并采取相应的措施来确保系统的正常运行。导航模块负责获取和处理飞行器的位置和导航信息，以指导飞行器完成特定的飞行任务。通信模块则负责与地面控制站或其他飞行器进行通信，以实现飞行器的指挥和协同作战。

4.6.3　数字飞控系统软件

无人机的飞控系统中的软件可以被归类为应用软件，它是该系统的核心组成部分，负责实现飞行控制和执行特定任务。与计算机应用系统中的其他软件类别相比，飞控软件具有特定的功能和特性，以满足无人机飞行控制的需求。

无人机的多余度数字飞控系统需要可靠的软件支持来实现其功能。这些软件通常包括管理执行程序、余度管理模块、控制律计算模块、机内自检测模块和数据处理模块等部分，如图4-8所示。

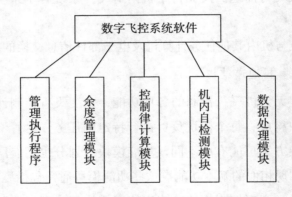

图4-8　数字飞控系统软件的基本组成

第5章　多旋翼无人机自主控制技术

5.1　多旋翼无人机的飞行原理和控制方式

无人机中的多旋翼和单旋翼无人直升机都属于旋翼飞行器，它们在某些方面有相似之处，但也存在着显著的差异。本节将重点讨论多旋翼无人机的飞行原理、飞行控制方式以及其特点。

5.1.1　多旋翼无人机的飞行原理

1. 竹蜻蜓的飞行原理

（1）竹蜻蜓的结构。竹蜻蜓又称为飞螺旋或中国陀螺，是中国古代的一项奇妙发明，具有悠久的历史。有关竹蜻蜓的起源存在不同的观点和估计。一些观点认为，竹蜻蜓可能早在公元前400年就已经出现，成为我国古代的一种玩具和娱乐器具。另一些较保守的估计则将竹蜻蜓的流行时间定在明朝（公元1400年左右），成为当时民间流传的一种玩具，至今仍然有人在使用。

竹蜻蜓的结构十分简单，它由一根竹棒和一个竹片构成，竹片被削成了具有同一方向的倾斜面。竹片前面圆钝，后面尖锐，上表面比较圆拱，下表面比较平直，如图5-1所示。

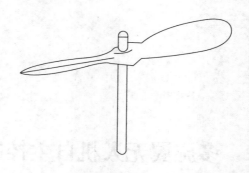

图 5-1　竹蜻蜓示意图

（2）竹蜻蜓的升力来源。竹蜻蜓为什么能在空中飞起来？其升力主要来自两部分。

我们用双手夹住竹棒并使劲一搓，竹蜻蜓就会如魔法般旋转起来。竹蜻蜓的飞行原理蕴含着深刻的物理学法则。气流在经过竹蜻蜓的圆拱上表面时，会以较快的速度通过，而在经过平直的下表面时，速度则减慢。根据伯努利定律，气流速度增加时压力减小，而速度减小时压力增加。因此，竹蜻蜓的竹片上、下表面之间形成了压力差，产生了向上的升力。当这个升力大于竹蜻蜓本身的重量时，竹蜻蜓便轻盈地腾空而起，旋转着舞动在空中。竹蜻蜓在空中自由飞行一段时间后，随着转速逐渐减缓，惯性逐渐消失，竹蜻蜓便开始稳稳地向地面降落。

竹片的斜面也起了关键作用，当转动竹棒使竹片旋转起来的时候，旋转的竹片将空气向下推，形成一股强风，而空气也给竹蜻蜓一股向上的反作用升力，这股升力随着叶片的倾斜角而改变。

2.多旋翼无人机的飞行原理

现代多旋翼无人机虽然技术复杂，但其飞行原理却与竹蜻蜓有着相似之处。就像我们用手搓动竹棒让竹蜻蜓旋转起来一样，多旋翼无人机的旋翼或空气螺旋桨通过发动机的带动旋转产生升力。在多旋翼无人机中，旋翼或空气螺旋桨的桨叶就像竹蜻蜓的竹片，它通过特殊的设计在空气中旋转产生升力。旋翼轴类似于竹蜻蜓的竹棒，支撑并连接着旋翼，使旋翼能够自由旋转。发动机则类似于我们的双手，通过提供动力来带动旋翼旋转。正如竹蜻蜓利用气流产生的压力差来产生升力一样，多旋翼无人机也利用旋翼在旋转过程中产生的气流来产生升力，从而实现飞行。

多旋翼无人机采用固定桨距或可变桨距的旋翼作为升力系统，与竹蜻蜓的竹片原理相似，其飞行原理利用了旋翼的旋转产生空气动力，包括使机体悬停和上升的升力。旋翼的桨叶平面形状类似于固定翼飞机的梯形机翼，其细长的设计有助于产生更有效的升力。当多旋翼无人机以一定迎角和速度相对于空气运动时，旋翼的桨叶会在空气中产生气流，从而形成升力。这个过程类似于固定翼飞机的机翼在飞行时产生升力的原理。如同竹蜻蜓的竹片在气流作用下产生升力一样，多旋翼无人机的旋翼也利用空气动力来支撑机体并实现飞行，如图 5-2 所示。

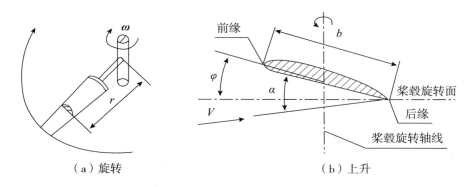

（a）旋转　　　　　　　　　　（b）上升

图 5-2　旋翼桨叶示意图

当旋翼绕轴旋转时，每片桨叶类似于一个机翼，其形状称为翼型。这些桨叶与发动机或变速器轴相连接的部分称为桨毂。桨叶的安装角（即桨距）决定了旋翼产生升力的大小。地面驾驶员可以通过遥控操纵系统来改变旋翼的转速和总距，从而调节旋翼向上的升力。在不同的飞行状态下，旋翼总距的变化范围通常在 2°和 14°之间。沿着半径方向的每段桨叶上产生的空气动力会在桨轴方向上形成旋翼的总升力。同时，在旋转平面上，产生的阻力需要由发动机提供的功率来克服。

旋翼系统是多旋翼无人机较为关键的部件之一，能够产生无人机飞行所需的升力。通过旋转产生的升力，无人机能够在空中悬停、起飞、飞行和降落。多旋翼无人机通常配有多个旋翼，这些旋翼分布在机体的不同位置。通过调节各自旋翼的升力大小，我们可以使所有升力的合力倾斜，从而产生一个水平面上的分力，即拉力。这个拉力的方向可以根据旋翼的调节情况灵活变化，从而实现无人机的前进、后退和侧飞。

5.1.2 多旋翼无人机的飞行控制

1.单旋翼直升机的操纵系统

引入单旋翼直升机的操纵系统是为了为多旋翼无人机的飞行控制技术提供一个对比基础。单旋翼直升机的飞行控制技术较为成熟且复杂，涉及到自动倾斜器、桨距调节等关键技术，这些技术的理解对于掌握多旋翼无人机的控制原理至关重要。

单旋翼直升机的飞行控制不同于固定机翼飞机，它是通过调整直升机旋翼的倾斜来实现的。图 5-3 是单旋翼直升机旋翼操纵系统示意图。

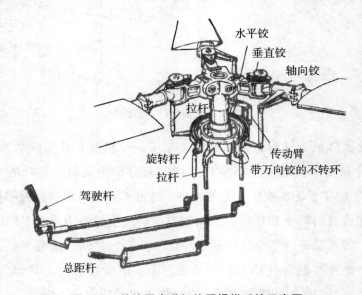

图 5-3 单旋翼直升机旋翼操纵系统示意图

自动倾斜器是单旋翼直升机旋翼操纵系统中的核心组件，其功能至关重要。这一装置扮演着将驾驶员或自动驾驶仪的指令转换为旋翼桨叶受控运动的关键角色。考虑到旋翼在飞行中的旋转特性，自动倾斜器可以将驾驶员的指令从不旋转的机身传递到旋转的桨叶，这一过程涉及复杂的机械构造和动态控制。自动倾斜器通常由两个主要零部件组成：不旋转环和旋转环。不旋转环通常位于旋翼轴的外侧，固定在旋翼轴上，并通过一系列推拉杆与周期变距和总距操纵装置、液压系统等相连，它具有向任意方向倾斜和垂直移动的能力，以确保旋翼桨叶的受控运动。旋转环则位于不旋转环内侧，它通过轴承与不旋转环连接，能够与旋翼轴一起旋转。扭力臂用于保持旋转环与桨叶的同步旋转，防扭臂则用于防止不旋转环旋转，从而保持相对稳定。这两个环在工作时作为一个单元体，能够同时倾斜和上下移动。旋转环通过拉杆与变距摇臂相连，以实现对桨叶的控制。除了常见的结构，不旋转环还可以采用蜘蛛式和万向节式等不同形式，以满足不同设计要求。

单旋翼直升机的旋翼桨叶调节是实现飞行控制和机动的重要环节。操纵杆与自动倾斜器的连接可以实现两种方式的桨距调节：总距操纵和周期性桨距操纵。总距操纵通过同时增大或减小各桨叶的桨距，从而调节直升机的起飞、悬停、垂直上升或下降所需的拉力。周期性桨距操纵则通过周期性调节各个桨叶的桨距，实现飞行中的动态变化。在周期性桨距操纵中，驾驶员可以通过操纵杆的前后推动来改变旋转斜盘的倾斜角度，从而使每个桨叶的桨距在旋转中发生周期性变化。当桨叶转到前进方向时，桨距减小，产生的拉力也下降；相反，当桨叶转到后方时，桨距增大，产生的拉力也增加。这样的周期性调节使旋翼产生的总拉力向前倾斜，从而产生向前飞行所需的拉力，实现了单旋翼直升机的向前飞行。单旋翼直升机的旋翼桨毂及其操纵机构也存在一些缺点，如自动斜倾器旋转器件较多、液压操纵系统结构复杂笨重、维护工作量大等问题。此外，单旋翼直升机的旋翼在飞行中产生的反扭矩也是需要解决的重要问题。根据作用力和反作用力原理，空气对旋翼的作用力矩会使机体发生逆向旋转，即反扭矩。为了克服这一问题，我们通常会安装一个尾桨，通过尾桨旋转产生的平衡力矩来抵消旋翼力矩，保证直升机的平衡飞行。尾桨的调节可通过改变桨距来实现，使尾桨产生的平衡力矩发生变化，从而实现机头的转向或转弯操纵。然而，尾桨也存在能量损耗的问题，约为发动机功率的 15%，这意味着一定比例的能量会被用于尾桨的运转，而非直升机的其他飞行动作。

2. 多旋翼无人机的飞行控制方式

多旋翼无人机的飞行控制涉及多个旋翼之间的协调工作，以克服由旋翼旋转产生的反作用力矩问题。与单旋翼直升机类似，多旋翼无人机也需要解决旋翼旋转产生的反扭矩问题，以确保机体的稳定飞行。以四旋翼无人机为例，它通过四个旋翼的旋转来产生升力，同时产生反作用力矩。为了解决这一问题，多旋翼无人机采用了多个旋翼按照不同方向转动的方式，使彼此之间的反扭矩相互抵消，最终实现总扭矩为零，如图 5-4 所示。这种设计使多旋翼无人机能够在飞行过程中保持平衡，不会因为旋翼旋转而导致机体的不稳定。多旋翼无人机的飞行控制涉及对各个旋翼的转速和桨距进行精确调节，以确保每个旋翼产生的升力和反扭矩能够达到理想的平衡状态。这通常通过飞行控制系统中的传感器和控制算法来实现，系统能够实时监测飞行状态和环境变化，并根据需要调整各个旋翼的参数，以保持飞行器的稳定性和操纵性。

如图 5-4 所示，四旋翼无人机的设计采用了四个旋翼，四个旋翼分别处于同一高度平面并以相反的旋转方向运动。这种设计使机体在空中能够保持预定方向的飞行或悬停状态。通过前后旋翼顺时针旋转、左右旋翼逆时针旋转的方式，四个旋翼彼此之间的扭矩可以相互抵消，保证了无人机的稳定飞行。在空中飞行时，四旋翼无人机具有 6 个自由度，即沿着三个坐标轴的平移和旋转动作。沿 X 轴正方向的运动被称为向前运动，垂直于旋翼运动平面的上升动作表示旋翼升力的提高，向下的动作则表示旋翼升力的下降。没有箭头表示旋翼升力保持不变。

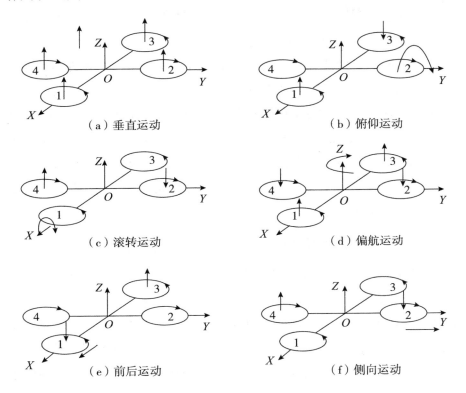

图 5-4　旋翼无人机飞行控制示意图

（1）垂直运动。当同时增加或减小四个旋翼的升力时，四旋翼无人机便会垂直上升或下降；当四个旋翼产生的升力等于机体的自重时，四旋翼无人机便保持悬停状态，如图 5-4（a）所示。

（2）俯仰运动。改变旋翼 1 和旋翼 3 的升力，保持旋翼 2 和旋翼 4 的升力不变，产生的不平衡力矩使机身绕 Y 轴旋转，实现四旋翼无人机的俯仰运动，如图 5-4（b）所示。

（3）滚转运动。改变旋翼 2 和旋翼 4 的升力，保持旋翼 1 和旋翼 3 的升力不变，产生的不平衡力矩使机身绕 X 轴旋转，实现四旋翼无人机的滚转运动，如图 5-4（c）所示。

（4）偏航运动。当旋翼 1 和旋翼 3 的升力增大，旋翼 2 和旋翼 4 的升力下降时，旋翼 1 和旋翼 3 对机身的反扭矩大于旋翼 2 和旋翼 4 对机身的反扭矩，机身便在富余反扭矩的作用下绕 Z 轴转动，实现四旋翼无人机的偏航运动，如图 5-4（d）所示。

（5）前后运动。改变旋翼 3 和旋翼 1 的升力，同时保持其他两个旋翼升力不变，四旋翼无人机首先发生一定程度的倾斜，从而使旋翼升力产生水平分量，实现四旋翼无人机的向前和向后运动，如图 5-4（e）所示。

（6）侧向运动：在图 5-4（f）中，由于结构对称，因此侧向飞行的工作原理与前后运动相似。

5.1.3 多旋翼无人机的特点

多旋翼无人机的飞行性能受发动机特性的影响极大，选择合适的发动机类型对于确保无人机在不同飞行任务中的稳定性至关重要。发动机的功率、效率和适应性是评估发动机性能优劣的关键因素。发动机需要提供足够的功率，以确保多旋翼无人机在各种飞行条件下都能保持稳定的飞行，包括在各种外界条件（如高温、高海拔等）下，发动机能够提供足够的推力和扭矩，以满足无人机的飞行需求。发动机的效率也是至关重要的，高效率的发动机能够在提供足够功率的同时，尽量减少能源的浪费，从而延长无人机的续航时间和飞行距离，这对于长时间飞行任务或需要覆盖大范围区域的应用至关重要。发动机的适应性也是考虑的重要因素之一，无人机在不同的任务中可能需要适应不同的飞行条件和环境，因此发动机需要具备较高的适应性，能够在各种工作状态下保持稳定和可靠的性能表现。在设计过程中，我们需要尽量提高发动机的功率利用系数，以确保发动机能够充分发挥其性能优势，最大限度地提高无人机的飞行性能和效率。这需要综合考虑发动机的设计和结构特点以及发动机与其他飞行系统的协调配合，从而实现最佳的飞行性能和经济效益。

1.油动多旋翼无人机的特点

油动多旋翼无人机采用涡轮轴发动机或活塞式发动机作为动力装置，具有一系列显著特点。

油动多旋翼无人机的旋翼转速通常由发动机的主轴转速决定。在飞行中，发动机的转速对发动机的性能有着直接影响，因此存在一个最有利的转速范围，这个范围内的转速能够保证发动机的高效率和长寿命。油动多旋翼无人机一般采用的是涡轮轴发动机或活塞式发动机，这些发动机在特定的转速范围内工作效率高，因此在飞行过程中，往往保持相对稳定的转速。调节发动机转速至最有利的工作范围，有利于提高油动多旋翼无人机的飞行性能和效率。

在油动多旋翼无人机中，桨叶总距的调节能够实现对旋翼升力的改变，从而实现飞行姿态的调整和飞行性能的优化。需要注意的是，桨距的变化会引起阻力力矩的变化，因此在调节桨叶总距的同时，我们需要调节发动机油门，以保持发动机转速尽量处于最有利的工作范围。油动多旋翼无人机取消了周期变距，只进行总距操控，这意味着无须使用复杂的自动斜倾器及液压系统来调节周期变距，从而简化了整体结构，提高了飞行可靠性和稳定性。这种简化的设计使油动多旋翼无人机更加易于操作和维护，同时降低了故障发生的可能性，提升了飞行安全性。

2.电动多旋翼无人机的特点

电动多旋翼无人机的旋翼系统采用定矩变速调节升力方案，相比于传统的无人直升机旋翼桨及其操纵系统结构更为简单，带来了一系列显著优点：第一，结构简单，质量轻，这使无人机更加灵活，便于携带和操作；第二，由于结构简化，故障率相对较低，维护也更加简便，大大降低了维护成本和维修时间。

电动多旋翼无人机通常采用直流电动机作为旋翼转动的动力源，其能源来自聚合物锂电池或燃料电池。直流电动机是一种旋转式电动机，其主要功能是将电能转换为机械能，从而驱动无人机的旋翼旋转。在多旋翼无人机的飞行过程中，为了实现各种飞行动作（如前进、后退、侧飞和转弯等），我们需要对电动机的转速进行精确控制，这一任务由电调完成，电调是一种用于控制电动机转速的电子设备。在控制电动机转速时，我们可以采用开环控制或闭环控制两种方式。开环控制是一种简单的控制方式，可通过直接调节电动机的输入电压或电流来控制电动机的转速。这种方式的优点是结构简单、成本低，缺点是对外界环境的影响较大，容易受到负载变化、电池电量变化等因素的影响，因此精度较低。相比之下，闭环控制系统具有更高的机械特性，它通过传感器实时监测电动机转速或转子位置，并将监测到的信息反馈给控制器，以实现对电动机转速的精确调节。闭环控制系统能够更准确地控制电动机的转速，提高系统的稳定性和精度。在实际应用中，闭环控制系统的静态误差率（额定负载时电动机转速降落值与理想空载转速之比）通常比开环控制系统更低，调速范围也更广。

5.2 多旋翼无人机动力装置

多旋翼无人机升空飞行的首要条件是充足的动力。动力装置是实现多旋翼无人机升空飞行的关键组成部分，它由发动机以及与之配套的各种系统和附件构成。发动机是动力装置的核心，负责提供足够的动力来驱动旋翼旋转，产生所需的升力。通常，多旋翼无人机采用的发动机主要有涡轮轴发动机和活塞式发动机两种。

5.2.1　多旋翼无人机发动机的分类、功能和要求

1.多旋翼无人机发动机的分类

发动机是多旋翼无人机动力装置的核心，其作用类似于飞机的引擎，负责将其他形式的能量转化为机械能，从而产生拉力或推力。可以说，发动机是多旋翼无人机的心脏，对无人机的各种使用性能都有着至关重要的影响。在多旋翼无人机的设计过程中，选择合适的发动机是首要任务之一。不同类型的发动机具有各自的性能和特点，设计者需要深入了解各种发动机的工作原理、性能参数以及适用范围，以便正确选择最能满足飞行器需求的发动机类型。发动机的优劣直接影响着多旋翼无人机的飞行性能，包括飞行速度、载荷能力、续航时间等方面。优秀的发动机能够提供稳定而高效的动力输出，在各种环境条件下都能表现出色，为无人机的飞行提供坚实的保障。

对于多旋翼无人机来说，由于其结构大小、飞行空域、速度、高度和用途等的巨大差异，它可以使用的发动机类型有好几种，常用的发动机有电动机和燃油发动机两大类。

2.发动机的功能与要求

发动机是无人机的核心部件，其基本功能是为飞行器提供持续的动力，确保飞行器能够稳定、可控、持续地在空中飞行。评定发动机品质的主要指标包括性能参数以及可靠性、耐久性等方面，具体要求如下。

（1）功率质量比大。构成多旋翼无人机的任何部件，都应在满足使用要求的前提下，尽量减轻其质量。对发动机来说，这要求发动机能够提供足够大的功率而自身质量又很轻。

（2）耗能小。发动机是否省电或省油，是其重要的经济指标。评定发动机的经济性常用"耗电(油)率"作为评价指标。耗电(油)率是指单位功率(1 N 或 1 马力)在 1 h 内所耗电的度数或油料的质量。

（3）体积小。发动机应在保证功率不减小的前提下，力求使体积较

小，以减小空气阻力。

（4）工作安全可靠、寿命长。多旋翼无人机在空中飞行的安全，是由各组成部分的可靠工作来保证的。要维持飞行，发动机就必须始终处于可靠状态。发动机的寿命长可降低使用成本，节约原材料。

（5）维护方便。日常维护方便可提高维护质量，确保发动机随时处于安全可靠状态。

5.2.2 多旋翼无人机动力装置的组成

组成多旋翼无人机动力装置的主要部件或系统取决于所采用发动机的类型。

1. 直流电动机及其附件和系统

为多旋翼无人机提供动力的电动机类型主要有无刷直流电机和空心杯有刷直流电机两种。

（1）无刷直流电机系统。 多旋翼无人机大多采用无刷直流电机作为发动机，其动力装置由 5 部分构成。

①无刷直流电机。无刷直流电机属于外转子电机，没有电刷。

②电调。电调全称为电子调速器（ESC），主要作用是控制电机的转速。

③电池。电池用来给电机供电，多旋翼无人机常用的电池有聚合物锂电池、燃料电池等。

④平衡充电器。由于多旋翼无人机电池的电流极大，其专用电池必须要用平衡充电器进行充电。

⑤传动系统。微型多旋翼无人机由于载重小，通常将旋翼叶片直接安装在电动机的转轴上，而无须另外加装传动装置。然而，对于载重大的多旋翼无人机来说，情况则有所不同。这些无人机需要在电动机转轴与旋翼轴之间安装传动系统，这样安排主要是因为电机转轴通常只能承受和传递扭矩，而无法承受拉力。旋翼轴的外侧需要安装轴套支架，轴

套支架通过轴承与桨叶相连，同时底部固定在机体上，以承受旋翼产生的拉力。这样的设计可以使旋翼轴只需承受扭矩，而不会受到过大的力的影响，从而提高了系统的稳定性和耐久性。为了确保电动机与旋翼之间的安全运行，无人机需要安装自由行程离合器，这种离合器允许在电动机停止工作时，旋翼能够自行与电动机分离，自由地进行自转。

（2）空心杯有刷直流电机系统。采用空心杯有刷直流电机（伺服微特电机）是微型多旋翼无人机的一项重要创新。这种电动机的设计消除了传统铁芯电动机因铁芯形成涡旋而造成的电能损耗问题，从而极大地改善了电动机的运转特性。空心杯有刷直流电机的结构设计使电能在转换过程中几乎没有能量损耗，提高了电动机的效率和稳定性，其动力装置包括以下几个部分。

①空心杯有刷直流电机：空心杯有刷直流电机转子，无铁芯。

② MOS 管：用作驱动电路。

③电池：锂电池，用来给电机供电。

④平衡充电器：专用电池必须要用平衡充电器充电。

2.燃油发动机及其附件和系统

多旋翼无人机的动力装置主要由航空活塞发动机或涡轮轴发动机组成。这些发动机可为无人机提供动力，驱动旋翼旋转，产生所需的升力。燃油发动机的动力装置包括以下几个部分。

（1）发动机：航空发动机将燃油的化学能转换为机械能，然后带动旋翼旋转产生升力。

（2）燃油系统：用于存储和向航空发动机的油泵供给燃油，保证发动机正常工作。

（3）滑油系统：由带过滤装置的滑油箱、导管和空气滑油散热器组成，可向发动机供给需要的滑油，并进行过滤和散热，保证一定量的滑油循环使用。

（4）传动系统：燃油发动机所提供的动力要经过传动系统才能到达

旋翼主轴，传动系统性能的好坏将直接影响多旋翼无人机的可靠性。

5.2.3 直流电动机

目前，直流电动机是多旋翼无人机广泛采用的动力装置。电动多旋翼无人机以其简单的结构、稳定的飞行特性、易操作的特点以及方便的维护等优势，备受关注和重视。相比传统的燃油发动机，电动无人机无须燃油供给，减少了对燃油的依赖，降低了使用成本。电动无人机飞行平稳，操作简便，对环境友好，不产生油残留污染，适用于各种应用场景，包括航拍摄影、搜救救援、农业植保等。随着技术的不断发展，电动多旋翼无人机在未来将发挥更加重要的作用。

1.直流电动机的基本概念

（1）直流电动机的定义。闭合电路中的导体在磁场中切割磁感线时，会产生电磁感应现象，产生电流。这种现象使电机在不同的外界条件下，既可作为发电机将机械能转化为直流电能输出，又可作为电动机将输入的电功率转化为机械功率输出。这一原理称为电机的可逆性原理。在无人机中，电机的可逆性为电机提供了灵活性和多功能性，使它可以根据需要灵活转换为发电机或电动机，为无人机提供动力源。

直流电动机通过将直流电能转换为机械能来实现驱动。励磁方式指的是励磁绕组供电的方式以及如何产生励磁磁通势来建立主磁场。励磁是直流电动机工作的关键，它通过激活励磁绕组产生磁场，从而产生主磁场，促使电机正常运转。励磁方式的选择直接影响了电机的稳定性。常见的励磁方式包括直流励磁、串励励磁、并励励磁和复合励磁等。

（2）直流电动机的基本结构。直流电动机的基本结构如图5-5所示，分为三个主要部分：定子、转子和气隙。

①定子。定子是电机的静止部分，用来产生磁场，包括主磁极、换向极、电刷装置、机座等。

②转子。转子是电机的转动部分，转子的主要作用是感应电动势，

产生电磁转矩，使机械能变为电能（发电机）或使电能变为机械能（电动机）。转子主要包括电枢、换向器、转轴等。

③气隙。在小容量电机中，气隙为 0.5 ～ 3 mm。气隙大小对电机运行性能有很大影响。

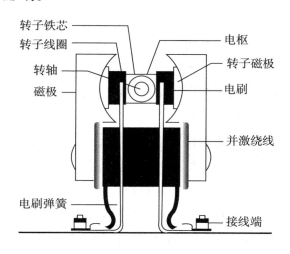

图 5-5　直流电动机的基本结构

（3）直流电动机的特性。直流电动机的特性如下。

①调速性能好。调速性能是指在一定负载下，通过人为控制改变电动机的转速的能力。直流电动机具有优良的调速性能，能够在重负载情况下实现均匀、平滑的无级调速，其调速范围较宽，可以满足不同工作需求的变化。这种特性使直流电动机在无人机等领域得到广泛应用，能够灵活适应各种飞行任务。调整电动机的输入电压或电流可以实现精确的转速控制，使无人机在不同飞行场景下表现出稳定可靠的性能。

②启动力矩大。直流电动机的启动力矩大，且在重负载下可以均匀而经济地实现转速调节。

2. 无刷直流电机

（1）无刷直流电机的基本结构。无刷直流电机是目前多旋翼无人机常用的动力来源之一，它由电动机主体和电子调速器（电调）两部分组成，实现了机电一体化的设计理念。无刷直流电机的基本结构与有刷电机相似，包括转子和定子，但也有所不同。在有刷电机中，转子是线圈绕组与动力输出轴相连，定子是永磁磁钢；而在无刷电机中，转子是永磁磁钢，与外壳和输出轴相连，定子则是绕组线圈，不再需要有刷电机中用来交替变换电磁场的换向电刷。无刷电机相比有刷电机具有更简洁的结构和更高的效率。由于去掉了换向电刷，无刷电机的转子和定子之间的机械接触减少，从而降低了摩擦损耗和能量损失，提高了动力传输效率。此外，无刷电机还具有响应速度快、噪声低、寿命长等优点，适用于多旋翼无人机对动力输出要求高、飞行稳定性要求严格的场景。电子调速器（电调）是无刷电机控制的关键部件，它负责控制电机的转速和转矩，实现对无人机飞行的精确控制。通过调节参数，电调可以实现对电机的加速、减速和停止等操作，从而使无人机在飞行中能够实现各种动作需求，如起飞、悬停、转弯等。电调还能监测电机的工作状态，保证电机在安全范围内运行，提高了无人机的飞行安全性和可靠性。

　　无刷直流电动机在多旋翼无人机中扮演着重要的角色，其定子结构与普通的同步电动机或感应电动机相似，都是在铁芯中嵌入多相绕组（可以是三相、四相、五相等），并且这些绕组可以接成星形或三角形。转子则粘有已充磁的永磁体，通常采用具有高矫顽力和高剩磁密度的稀土材料，如钐钴或钕铁硼等。根据磁性材料的放置位置不同，转子可以分为表面式磁极、嵌入式磁极和环形磁极。由于电动机本身为永磁电机，因此无刷直流电动机也常被称为永磁无刷直流电动机。为了实现对电动机转子的极性检测，电动机内部通常装有位置传感器。电子调速器作为无刷直流电动机的关键控制部件，具有多项功能，包括接收电机的启动、停止、制动信号以控制电机的运行状态，接收位置传感器信号和正反转信号以调节转矩，接收速度指令和速度反馈信号以控制和调整转速，并提供保护和显示等功能。无刷直流电机的基本结构如图 5-6 所示。

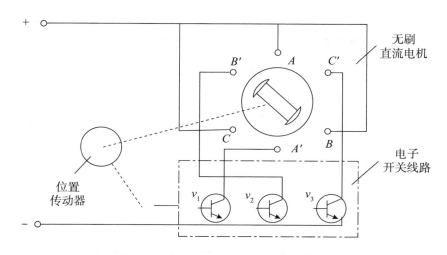

图 5-6　无刷直流电机的基本结构示意图

（2）无刷直流电机的工作原理。无刷直流电机可通过改变输送到定子线圈上的电流波的交变频率和波形，产生一个绕电机几何轴心旋转的磁场。这个磁场会驱动转子上的永磁磁钢进行旋转，从而使电机开始转动。

电机的性能受多种因素影响，其中磁钢数量、磁通强度以及电机输入电压大小是关键因素。这些因素直接影响着电机的输出功率、效率和转速调节范围。特别是磁钢数量和磁通强度，它们决定了电机的磁场强度和转动力矩，从而影响着电机的性能表现。电机的输入电压大小也是至关重要的，它决定了电机的工作电流和输出功率，直接影响着电机的承载能力和转速调节范围。在无刷直流电机中，电子调速器扮演着至关重要的角色。电子调速器通过将直流电转换为三相交流电，并控制频率和波形，从而实现对电机转速的精确控制。良好的电子调速器需要具备复杂的单片机控制程序设计、精密的电路设计以及高水平的加工工艺。因此，电子调速器的质量和性能直接影响着无刷直流电机的控制稳定性。

无刷直流电机以自控式运行，与变频调速下的同步电机相比，不需要在转子上额外添加启动绕组，也不会在负载突变时出现振荡和失步的现象。这种特性使无刷直流电机在启动和运行过程中更加稳定可靠，同时减少了额外的结构复杂性和维护成本。中小容量的无刷直流电动机通常采用高磁能积的稀土钕铁硼材料作为永磁体。这种材料具有优异的磁性能，能够提供强大的磁场，从而实现高效能的电机运行。相比之下，稀土永磁无刷电动机的体积相对较小，同等容量下与三相异步电动机相比，其体积缩小了一个机座号，这使无刷直流电机在设计和安装时具有更大的灵活性和便利性。

5.3　多旋翼无人机自主控制技术

5.3.1　多旋翼无人机飞行控制系统的基本概念

多旋翼无人机的飞行控制技术是无人机的核心部分，直接影响着无人机的功能实现。飞行控制系统的设计旨在确保无人机在飞行过程中能够稳定地维持姿态和航迹，实现自主导航和飞行控制，并且能够执行起飞、着陆以及按照地面指令改变飞行姿态和航迹等任务。

1.多旋翼无人机系统的基本概念

（1）多旋翼无人机人－机系统。多旋翼无人机的飞行模式会让人产生一种"无人驾驶"的错觉，但实际上，地面上的操作员扮演着至关重要的角色。尽管多旋翼无人机在天空中飞行时没有搭载驾驶员，但地面上的操作员会通过远程控制来实现对无人机的飞行操作。即使飞机上看不到人，但仍然有人在"驾驶"多旋翼无人机。为了确保多旋翼无人机在没有机载驾驶员的情况下能够保持正确飞行，配备一套自动飞行控制系统是有必要的。这个系统能够监测无人机的状态，并根据预设的飞行路径和任务要求，自主地控制无人机的飞行。这种自主飞行能力使无人机能够独立完成任务，无须人工干预。尽管有自主飞行能力，但地面监视和操控仍然是必不可少的。地面上的操作员通过遥控设备监视无人机的飞行状态，并在必要时进行干预。这种实时监视和干预能力是确保飞行安全的关键，尤其是在无人机飞行出现异常情况时，地面操作员能够迅速做出反应，并采取措施确保飞行安全。

在多旋翼无人机的运行模式中，地面监控起着至关重要的作用。这种模式构成了一个完整的人－机系统，实现了地面操作员对无人机的远程操控。关键的信息传输和控制实体包括飞行控制系统、地面指挥控制系统以及测控链路系统。飞行控制系统是安装在多旋翼无人机上的重要模块，具有接收并执行指令、控制飞行、发送状态信息等功能。这个系统在无人机上起着类似于人类驾驶员的作用，通过接收地面发送的指令，控制无人机的飞行姿态和航迹，同时将飞行状态实时反馈给地面控制中心，确保飞行任务的顺利执行。地面指挥控制系统位于地面操作中心，承担着监视多旋翼无人机状态、发送操控指令等任务。地面操作员通过该系统可以实时掌握无人机的工作状况（包括位置、速度、高度等关键参数），并根据需要发送操控指令，干预无人机的飞行。这种实时监控能力保证了无人机飞行过程的安全可靠性。测控链路系统负责在无人机和地面遥控系统之间传输遥控和遥测信息。它是连接飞行控制系统和地面指挥控制系统的纽带，通过这个系统，地面操作员可以向无人机发送控制指令，并获取无人机的飞行状态信息。这种双向的信息传输确保了地面操作员与无人机之间的实时互动，使飞行任务能够按照预定计划顺利进行。多旋翼无人机系统的飞行控制系统、地面指挥控制系统和测控链路系统共同构成了一个完整的人－机系统，通过协同工作实现了多旋翼无人机的远程操控和监视，为各种飞行任务的顺利完成提供了坚实的保障。

（2）多旋翼无人机飞行状态与飞行姿态的关系。控制多旋翼无人机发生运动的改变需要对各个旋翼的气动力和气动力矩进行精确调节，这通常通过协调改变各旋翼的升力来实现姿态控制，涉及调整旋翼的转速或总距，以确保飞行姿态的准确调整。俯仰、滚转和偏航等运动方式的不同组合，能够实现多种飞行状态的转换。首先，我们可改变无人机的飞行姿态，然后根据需要实现不同的飞行状态。这种精准的姿态控制能够确保无人机在空中飞行时具有稳定性和灵活性，适应不同的飞行任务需求。

（3）多旋翼无人机的飞行特性。多旋翼无人机的飞行特性包括平衡状态、稳定性和操作性。

①平衡状态。多旋翼无人机的平衡与固定翼飞机类似，指的是在飞行过程中各种力的合力为零，各力矩的合力矩也为零。这种平衡状态能够使无人机在空中飞行时速度和方向保持稳定，不会发生不必要的旋转或倾斜。平衡状态包括俯仰平衡、航向平衡和滚转平衡。俯仰平衡是指无人机在上下运动时能够保持平稳，航向平衡能够确保无人机在水平方向上飞行时不会偏离预定的航向，滚转平衡则是指无人机在左右倾斜时能够保持稳定，确保横向稳定性。

②稳定性。多旋翼无人机的稳定性是保证无人机在飞行中受到微小扰动时能够自动恢复原来的平衡状态的重要特性。这种稳定性可以确保无人机在遭受风力、发动机工作不均衡或其他外界扰动时，能够迅速稳定下来，而无须飞行员进行过多干预。多旋翼无人机的稳定性主要包括俯仰稳定性、方向稳定性和滚转稳定性三个方面。俯仰稳定性指的是无人机在受到俯仰方向的扰动时，能够自动回复到原来的平衡状态。方向稳定性是指在受到方向变化的扰动后，无人机能够自动调整方向，保持稳定飞行。滚转稳定性则是指无人机在受到横滚方向扰动后，能够自动调整姿态，保持平衡状态。评价无人机的稳定性通常通过摆动衰减时间、摆动幅度和摆动次数等参数来衡量。摆动衰减时间指的是无人机从受到扰动到恢复平衡状态所需的时间，时间越短表示稳定性越强。摆动幅度表示无人机在受到扰动后偏离平衡状态的程度，幅度越小表示稳定性越

强。摆动次数则表示在恢复平衡状态前无人机经历的摆动次数，次数越少表示稳定性越强。稳定性增强会使飞机机动性（操纵性）减弱，因为过于强的稳定性可能会限制无人机的机动性能。因此，在设计多旋翼无人机时，我们需要综合考虑稳定性和机动性之间的平衡，以确保无人机既能够稳定飞行，又能够满足不同飞行任务的机动性要求。这就需要在飞行控制系统的设计中找到合适的平衡点，以实现稳定性和机动性的最佳结合。

③操纵性。多旋翼无人机的操纵性是保证无人机在飞行中能够根据飞行控制系统的指令，协调操纵各个旋翼的升力大小，从而改变飞行状态的特性。与稳定性一样，良好的操纵性对于多旋翼无人机至关重要，因为它能够确保无人机根据飞行任务和飞行环境进行灵活、准确的飞行操作。多旋翼无人机的飞控系统通过协调操纵各个旋翼的升力大小，实现对无人机的俯仰、方向和滚转等动作的控制。良好的操纵性意味着操纵动作协调、简单、省力，同时无人机的反应速度也应该快速，以便及时响应飞行指令。操纵性的好坏受到多种因素的影响。总体布局和机体结构会影响无人机的气动特性，从而影响其操纵性。重心位置的合理安置也是确保操纵性良好的重要因素之一，因为合适的重心位置可以使无人机的响应更加灵敏。飞行速度、飞行高度和迎角等参数的变化也会影响到无人机的操纵性能。

2.多旋翼无人机飞行控制的基本概念

（1）多旋翼无人机系统的操控方式。根据多旋翼无人机系统的空地闭环控制结构，对多旋翼无人机的操控方式的分类通常有以下几种。

①自主飞行方式。多旋翼无人机的自主飞行方式又称为程序控制方式，是指无人机通过机载自动控制系统按照预先设定的航路，自动完成飞行任务，而无须人员直接参与的操控方式。在这种模式下，机载计算机会根据预设的航路信息，计算出待飞距离和偏航距离等制导信息，并进行航段结束的判断，然后选择相应的自动驾驶模式。

②指令控制方式。指令控制方式是多旋翼无人机的另一种飞行控制方式，它通过地面指令输入设备向无人机发送遥控或遥调指令，来实现对无人机飞行的控制。在这种方式下，无人机飞行员通过地面指令输入设备向无人机发送各种指令，包括飞行方向、速度、高度等参数的调整指令。这种控制方式是一种非连续的操控方式，即无人机的飞行状态是通过接收地面指令来进行调整和控制的，而非通过连续的自主计算和调整。地面指令输入设备会将飞行员的指令转化为特定的信号发送给飞控系统，飞控系统则根据接收的指令对无人机进行相应的控制操作。在指令控制方式下，无人机需要具备良好的通信系统和飞控系统，以确保地面指令能够准确、及时地传输到无人机，并被无人机正确地执行。同时，飞行员需要具备一定的飞行技能和经验，能够准确理解飞行任务的要求，并通过地面指令输入设备向无人机发送正确的指令，以实现飞行任务的顺利执行。

遥控指令在多旋翼无人机飞行中起着至关重要的作用，主要分为飞行模态控制、任务设备控制、发动机控制以及航路操作等几个方面。飞行模态控制包括纵向和横向侧飞模态两类。在纵向方面，飞行员可以发送悬停、平飞、爬升、下滑等指令，从而控制多旋翼无人机的垂直飞行状态；而在横向方面，飞行员可以发送直飞、左转弯、右转弯以及盘旋等指令来控制无人机的水平飞行状态。任务设备控制包括有效载荷和任务设备控制器等指令。飞行员可以通过遥控指令对无人机搭载的各种任务设备（如摄像头、传感器等）进行控制，以实现不同的任务需求。发动机控制指令用于控制多旋翼无人机的发动机工作状态。通过发送相应的指令，飞行员可以控制发动机的启动、停止、调速等操作，以确保无人机的动力系统处于正常工作状态。航路操作指令主要是指从当前航路点切换到下一个航路点的操作。飞行员可以通过发送航路操作指令，来实现多旋翼无人机在空中的航路规划和导航，从而完成特定的飞行任务。除了以上几类指令，多旋翼无人机的控制指令还有遥调指令，用于对飞行高度、水平位置、俯仰角、滚转角、航向角等飞行参数进行调节。通过发送遥调指令，飞行员可以对无人机的飞行参数进行微调，以适应不同的飞行环境和任务需求。

（2）多旋翼无人机飞行控制的基本原理。多旋翼无人机在空中的运动包括姿态运动和轨迹运动，这两类运动的主要特征是质心的运动和绕质心的转动。质心的运动包括前后平移、上下升降以及左右侧移等方向的运动，这些运动使无人机能够在空间中自由地改变位置，从而实现飞行过程中的定位和移动。绕质心的转动则包括俯仰、偏航和滚转运动，这些运动是围绕着无人机的质心展开的，通过控制无人机的姿态，可以实现无人机在空中的旋转和方向调整。多旋翼无人机控制的基本问题就是如何实现对无人机六个自由度的平动和转动运动的自动控制。飞行控制系统可以实现对无人机运动过程中各种运动的精准控制，从而确保无人机在飞行过程中的稳定性和安全性。

图 5-7 是一个闭环反馈控制系统，多旋翼无人机的飞行控制是一个复杂而精密的过程，涉及多种传感器、控制器和执行机构的协同工作，以确保无人机在飞行中能够稳定、安全地完成任务。传感器可以测量多旋翼无人机的飞行状态数据，包括飞行姿态、航向、高度和速度等信息。这些传感器扮演着监测和感知无人机飞行状态的重要角色，它们不断地将实时数据传输给控制系统，以便系统能够做出相应的调整。这些数据会被输送到控制器，控制器会根据预期的飞行状态设定值，运用预先设计好的控制律来解算出相应的控制信号。这些控制信号包含了需要改变的操纵旋翼转速或总距的大小和方向等信息，以实现对无人机飞行状态的调整。控制器的工作原理利用了负反馈控制原理，即通过比较实际测量值与预期设定值之间的差异，并将这一差异信号反馈给执行机构，来控制执行机构对旋翼转速或总距进行调节。这样，无人机就能够对外部扰动做出相应的响应，趋向原始的飞行状态。例如，当多旋翼无人机受到阵风干扰时，传感器会感知到飞行状态的偏离，并将这一信息传输给

控制器；控制器根据负反馈控制原理计算出需要的控制量，并将其转化为控制信号；执行机构会根据控制信号调节旋翼转速或总距的大小，使无人机重新趋向于原始的飞行状态。

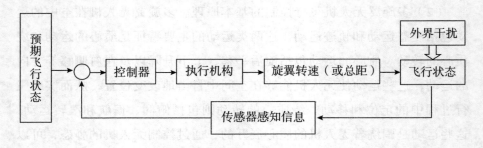

图 5-7 闭环反馈控制系统

5.3.2 多旋翼无人机的 PID 控制

PID（比例 – 积分 – 微分）控制是一种较早应用的控制策略之一，其简单算法、良好的鲁棒性和可靠性使 PID 控制在工业过程控制中得到了广泛应用。尤其对于具有确定性的控制系统，由于可以建立准确的数学模型，因此 PID 控制尤其适用。PID 控制的基本原理是根据当前误差的大小来调整控制量（包括比例项、积分项和微分项），以使系统达到稳定状态。对于多旋翼无人机而言，PID 控制器是一种常见且有效的控制方式。通过不断地测量无人机的飞行状态（如姿态、位置和速度等），PID 控制器可以根据当前误差的大小来调整控制信号，以保持无人机的稳定飞行。在 PID 控制中，比例项负责根据当前误差大小进行控制量的调整，积分项用于消除系统稳态误差，微分项则用于抑制系统的振荡并提高系统的响应速度。

1. 控制的基本概念

（1）PID 控制器的定义。PID 控制器在工业控制应用中是一种常见的反馈回路部件，其工作原理是通过比较收集到的数据和设定的参考值，然后根据两者之间的差别计算出新的输入值，以使系统的数据达到或保持在设定的参考值范围内。PID 控制器利用历史数据和差别出现的频率来调整输入值，以实现系统的准确性和稳定性。对于多旋翼无人机而言，通过收集飞行状态数据（如姿态、位置和速度等），PID 控制器可以将这些数据与设定的目标值进行比较，并根据比较结果计算出相应的控制指令，以调整无人机的飞行姿态和运动状态，使无人机达到预期的飞行状态。通过不断地调整这些参数，PID 控制器可以实现对无人机飞行过程的精确控制，从而确保无人机稳定、可靠地完成各种飞行任务。

　　PID 控制器的比例单元 P、积分单元 I 和微分单元 D 分别对应当前误差、过去累计误差和未来误差。即使对受控系统的特性不了解，PID 控制器仍然被认为是一种最适用的控制器。PID 控制器通过调整三个参数，可以调整控制系统，以满足设计需求。控制器的响应速度、过冲程度和系统振荡程度等可以反映控制器的性能。在多旋翼无人机中，PID 控制器被广泛应用于飞行控制系统中。通过监测无人机的飞行状态数据（如姿态、位置和速度等），PID 控制器可以及时调整控制指令，使无人机保持稳定的飞行状态。典型的单级 PID 控制器如图 5-8 所示。

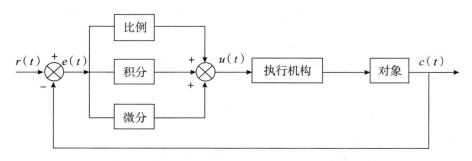

图 5-8　典型的单级 PID 控制器结构框图

　　在某些应用中，我们可能只需要使用 PID 控制器的部分单元，可以将不需要的单元参数设置为零，从而实现对系统的精确控制。因此，PID 控制器可以分为 PI 控制器、PD 控制器、P 控制器或 I 控制器等不同类型的控制器。其中，PI 控制器是比较常用的一种类型。PI 控制器包括比例单元 P 和积分单元 I，它通过比例作用和积分作用来调节系统的控制量，使系统的输出值达到或保持在设定的参考值。相比之下，D 控制器对系统噪声十分敏感，因此在一些应用中可能并不适用。而如果没有积分单元 I，系统一般不会回到参考值，会存在一个稳定的误差量。

（2）PID 控制微分方程和传输函数。PID 控制本质上是一个函数，其输入是期望的参考轨线，输出则是一个控制信号，该控制信号会被输入被控系统中，使被控系统的输出能够较好地达到期望轨线。

① PID 控制器的微分方程。PID 控制器的微分方程分为连续形式和离散形式两种。其中，连续形式为

$$u(t) = k_{\mathrm{P}} e(t) + k_{\mathrm{I}} \int_0^t e(\tau) \mathrm{d}\tau + k_{\mathrm{D}} \frac{\mathrm{d}e(t)}{\mathrm{d}t} \qquad (5-1)$$

离散形式为

$$u(t) = k_{\mathrm{P}} e(t) + k_{\mathrm{I}} \sum_{i=0}^k e(i) + k_{\mathrm{D}}[e(k) - e(k-1)] \qquad (5-2)$$

式中，$u(t)$ 为控制输出；k_{P} 为比例增益；k_{I} 为积分增益；k_{D} 为微分增益；e 为误差，$e =$ 设定值（SP）- 反馈值（PV）；t 为目前时间；τ 为积分变量，数值从 0 到目前时间 t。

② PID 控制器的传递函数。传递函数可表示为

$$H(s) = \frac{k_{\mathrm{D}} s^2 + k_{\mathrm{P}} s + k_{\mathrm{I}}}{s + C} \qquad (5-3)$$

式中，C 是一个取决于系统带宽的常数。

（3）PID 控制器的功能。PID 控制器不同单元具有不同的功能，具体如下。

①比例控制器。比例控制器是最简单的一种控制器。不同比例增益 k_{P} 下系统对阶跃信号的响应（k_{I} 和 k_{D} 为定值）如图 5-9 所示。

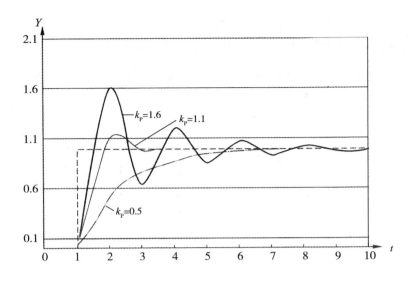

图 5-9　不同比例增益 k_P 下系统对阶跃信号的响应（ k_I=1， k_D=1）

比例控制考虑的是当前误差，它将误差值和一个正值的常数 k_P（表示比例）相乘。 k_P 只在控制器的输出和系统的误差成比例的时候出现。比例控制的输出如下：

$$P_{out} = k_P e(t) \tag{5-4}$$

在控制系统中，比例控制器的增益参数起着至关重要的作用。若比例增益设置过大，系统的输出会随着误差的增加而迅速增大，这可能导致系统不稳定，甚至产生振荡。相反，若比例增益设置过小，系统的响应会变得缓慢，导致控制信号无法及时修正干扰的影响。在多旋翼无人机的飞行控制中，比例增益的选择对飞行稳定性至关重要。若比例增益设置过大，无人机的姿态调整会过于剧烈，可能导致失控或不稳定的飞行状态。相反，若比例增益设置过小，无人机的响应会变得迟钝，难以及时应对外界干扰或飞行任务变化。比例控制器在误差为零时会输出零值。如果希望受控输出达到非零数值，我们就需要引入一个稳态误差或偏移量。这个稳态误差与比例增益成正比，与受控系统本身的增益成反比。通过调节比例增益和引入积分控制，我们可以消除这种稳态误差，使受控系统在达到期望状态时能够稳定在目标值附近。

②积分控制器。不同积分增益 k_I 下系统对阶跃信号的响应（k_P 和 k_D 为定值）如图 5-10 所示。

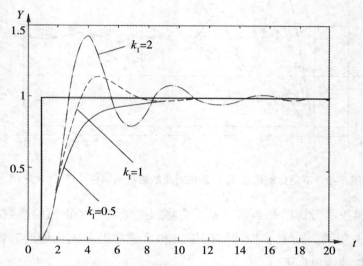

图 5-10 不同积分增益 k_I 下系统对阶跃信号的响应（$k_P=1$，$k_D=1$）

积分控制考虑的是过去误差，它将误差值在过去一段时间内的总和（误差和）乘以一个正值的常数 k_I。k_I 由过去的平均误差值得到系统的输出结果和预定值的平均误差。一个简单的比例系统会振荡，会在预定值附近来回变化，因为系统无法消除多余的纠正。通过加上负的平均误差值，平均系统误差值就会渐渐减小。最终，这个 PID 回路系统会在设定值处稳定下来。

积分控制的输出如下：

$$I_{out} = k_I \int_0^t e(\tau) \mathrm{d}\tau \qquad (5-5)$$

积分控制在多旋翼无人机系统中扮演着重要角色，能够加速系统达到设定值的过程，并消除由纯比例控制引起的稳态误差。随着积分增益的增大，系统趋近设定值的速度也会增加，然而过大的积分增益可能导致系统出现过冲现象。这是因为积分控制会对过去所有误差进行累计，有时会导致系统反馈值的波动，影响飞行的稳定性和精确性。

③微分控制器。不同微分增益 k_D 下系统对阶跃信号的响应（k_P 和 k_I 为定值）如图 5-11 所示。

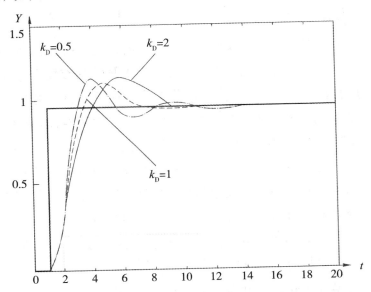

图 5-11　不同微分增益 k_D 下系统对阶跃信号的响应（$k_P=1, k_I=1$）

微分控制考虑的是将来误差，计算误差的变化率，并和一个正值的常数 k_D 相乘。这个变化率的控制会对系统的改变做出反应。导数的结果越大，那么控制系统就越能对输出结果做出更快速的反应。这个 k_D 参数也是 PID 控制器被称为可预测的控制器的原因。k_D 参数有助于减少控制器短期的改变。实际中一些速度缓慢的系统可以不需要 k_D 参数。

微分控制的输出为

$$D_{\text{out}} = k_D \frac{\mathrm{d}e(t)}{\mathrm{d}t} \tag{5-6}$$

在多旋翼无人机的控制系统中，微分控制起到了提升整定时间和系统稳定性的作用。然而，纯粹的微分控制器并非因果系统，我们在实现PID系统时，通常会为微分控制器添加低通滤波器，以限制高频增益和噪声的影响。微分控制尽管在理论上可以提高系统的性能，但在实际应用中却较少使用。据估计，PID控制器中只有约20%的情况下会使用微分控制。

2.PID参数设置

（1）PID参数设置的基本概念。在多旋翼无人机的控制系统中，PID参数设置是一项关键的任务，其目的是通过调整控制参数（包括比例增益、积分增益/时间、微分增益/时间）来实现最佳的控制效果。稳定性是参数设置的首要条件，能够确保系统不会出现发散性的振荡。然而，不同的系统具有不同的行为特征，不同的应用场景也有着各自的需求，有时这些需求之间还可能存在冲突。尽管PID控制只涉及三个参数，其原理相对简单，但PID参数设置却是一项具有挑战性的工作，需要满足特定的性能指标，并且PID控制也存在一些固有的限制。历史上出现过许多不同的PID参数设置方法，其中包括齐格勒－尼科尔斯方法等，甚至还有一些已经申请专利的方法。

在多旋翼无人机的控制系统中，PID控制器的设计和调试虽然在概念上看起来很直接，但在实际应用中却可能面临诸多挑战，特别是当存在多个目标且这些目标之间存在冲突时，追求高稳定性和快速的暂态响应时间往往难以同时满足。PID控制器的参数设置至关重要，精心设置可以取得良好的效果，但若设置不当则可能导致性能下降。初始设计阶段需要进行环路模型仿真，并通过不断调整参数来优化控制器，直到达到理想的性能或可接受的偏差水平为止。然而，一些系统可能具有非线性特性，这意味着在无负载条件下设置的参数可能无法在满负载情况下正常工作。针对这种情况，我们可以采用增益规划的方式进行修正，即在不同的工作条件下选择不同的参数值，以确保系统在各种工作状态下都能正常运行。

（2）PID 参数设置的效果指标。PID 参数设置的效果指标如下。

①上升时间 t_r。上升时间是受控对象的输出从 0 到第一次增加到稳态输出值所消耗的时间（或输出量从 10% 增加到 90% 所消耗的时间）。

②超调量 σ。超调量是指在响应过程中，超出稳态值的最大偏离量与稳态值之比，即

$$\sigma = \frac{y_{\max} - y_\infty}{y_\infty} \times 100\% \qquad （5-7）$$

③调节时间 t_s。调节时间是输出曲线最终收敛于稳态值（5%，有的为 3% 以内）所用的时间。

④稳态误差 e_{ss}。稳态误差是指稳态值与参考信号输入值之差，即 $e_{ss} = r - y_\infty$。

3. 多旋翼无人机的自主飞行控制

多旋翼无人机的自主飞行依赖于其核心组件——自动飞行控制系统。这一系统对于多旋翼无人机的飞行至关重要，因为它需要同时控制内部的姿态回路和外部的高度、水平位置回路，以确保飞行的稳定性和精确性。实现自主飞行的关键与固定翼飞机完全相似，都需要一个强大的飞控系统来实现。随着从有人驾驶向无人驾驶的转变，飞行自动化逐渐演变为飞行自主化的趋势。在这个过程中，飞控系统扮演着至关重要的角色，不仅需要具备强大的决策能力，还需要具备高效的控制能力。飞控系统通过对飞行状态的监测、数据的分析和算法的运算，能够及时做出正确的决策，并通过执行控制指令来实现飞行器的稳定飞行和精准操控。

（1）飞行控制系统的结构。飞行控制系统的结构可分为总体结构和分层结构。

①多旋翼无人机飞行控制系统的总体结构。多旋翼无人机的飞行控制系统的整体结构由机载系统和地面系统组成，两者通过数据通信系统实现直接联系。地面驾驶员将操纵信号输入地面飞控系统计算机，计算机处理后将指令通过数据通信系统传输至机载自动驾驶仪系统计算机。

机载计算机接收并处理指令，控制多旋翼无人机的飞行运动。这种分系统的耦合结构确保了地面操作员能够远程控制无人机完成各项任务。多旋翼无人机飞行控制系统原理图如图 5-12 所示。

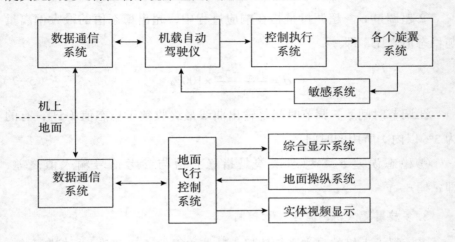

图 5-12　多旋翼无人机飞行控制系统原理图

多旋翼无人机的飞行控制方式包括指令控制和自主控制两种模式。在这两种模式下，机载系统都必须将飞行参数和系统状态参数通过数据通信系统传输至地面飞控系统，并在综合显示系统上呈现。这些信息的显示不仅能让地面操作员了解多旋翼无人机的飞行状态，还能够发出操纵信号或控制指令。地面飞控系统也能根据这些信息自动发出控制指令，实现对无人机的控制。飞行控制的复杂性在于其自动化实现。多旋翼无人机的飞行系统具有动力学不稳定、响应特性快、操纵频繁等特点，这使人力操控在某些情况下变得困难，尤其是在恶劣的飞行环境和远距离飞行时。因此，采用自主控制方式成为必然选择。在自主控制模式下，机载自动驾驶仪系统发挥着关键作用，它负责处理从传感器获取的飞行参数和系统状态参数，并利用这些信息实时计算相应的控制指令，以实现多旋翼无人机的飞行控制。通过数据通信系统，这些控制指令被传输至地面飞控系统，从而完成对无人机的实时控制。综合显示系统的作用不仅包括呈现多旋翼无人机的飞行状态和相对运动的视景，还包括提供实时的系统状态信息和环境情况。地面操作员可以根据这些信息做出相应的决策和控制指令，确保无人机的安全飞行。

②多旋翼无人机飞行控制系统的分层结构。多旋翼无人机的飞行控制一直是研究的热点，因为它是一个典型的非线性、强耦合、多输入多输出的复杂系统。在这种复杂背景下，经典的多旋翼无人机飞行控制系统（即自动驾驶仪）采用了 PID 控制方法。目前，除了 PID 控制方法，随着计算机技术的发展，以最优控制、自适应控制等为代表的多变量现代控制方法相继出现，如线形二次型最小二乘法、反馈线性化方法、非线性 H_∞ 优化方法、鲁棒与低阶补偿器设计方法、神经网络方法、模糊逻辑方法、学习控制技术、智能控制方法等。

自主飞行是无人机系统区别于有人驾驶飞行器最重要的技术特征。为了实现多旋翼无人机系统的自主控制，提高自动驾驶仪的智能程度成为多旋翼无人机飞行控制系统的重要发展趋势。为此，多旋翼无人机的飞行控制系统可以进一步细分为四个层面，分别是位置控制、姿态控制、控制分配和动力控制。在位置控制层面，系统主要关注实现多旋翼无人机在三维空间中的位置定位和稳定控制，确保无人机能够按照预先设定的航路自主飞行。姿态控制层面专注于控制多旋翼无人机的飞行姿态（包括俯仰、滚转和偏航），以确保无人机飞行方向和姿态的稳定。控制分配层面涉及对多旋翼无人机各个旋翼的控制信号进行合理分配，以实现姿态控制所需的力和力矩的精确分配。动力控制层面关注的是多旋翼无人机发动机功率的调节和动力分配，以保证飞行器在各种飞行条件下都能够稳定工作。

（2）多旋翼无人机飞行高度和位置调参方法。多旋翼无人机飞行高度调参在定高模式下进行，位置调参在悬停模式下进行，调整原则大同小异，有助于我们理解 PID 各个参数的作用，分析飞行现象与响应曲线，从而做出有针对性的调整，飞行高度和水平位置 PID 调参方法分别如图

5-13 和图 5-14 所示。

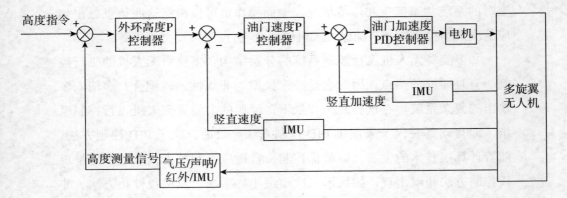

图 5-13　飞行高度 PID 调参方法示意图

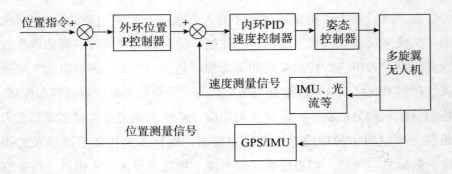

图 5-14　水平位置 PID 调参方法示意图

（3）多旋翼无人机姿态控制。多旋翼无人机采用分层控制，外层控制器为内层控制器提供指令，即把外环控制器得到的值当作理想值，这里是将 θ 或者 R_d 作为姿态控制的期望。后续的姿态控制的目标就是使最终输出等于理想值。

此外，多旋翼无人机的姿态控制还有一个重要的要求，就是收敛速度要比水平通道动态快 4~5 倍。因此，目标就像击鼓传花一样，可将控制焦点传递给姿态控制。只要姿态控制能够被有效实现，水平位置跟踪的问题也将迎刃而解。事实上，多旋翼无人机的姿态控制是其位置控制的基础。

多旋翼无人机飞行姿态 PID 调参方法如图 5-15 所示，具体步骤如下。

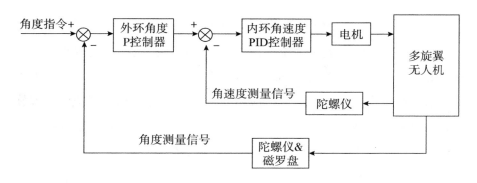

图 5-15　飞行姿态 PID 调参方法示意图

①用多旋翼无人机飞控系统自带的参数进行简单试飞（做好安全防护措施），记录飞行操作现象，分析飞控系统 log 文件，获取姿态响应曲线。

②调整内环角速度 P 增益，使响应快速、无振荡、无超调。

③略微调整内环角速度 I 和 D 增益，进一步优化响应，适当返回去调整速度 P 增益。

④调整偏航内环角速度 P 增益，接着调整内环 I 和 D 增益，最后调整外环 P 增益。

⑤根据飞行效果，针对性地微调各个系数。

5.4　多旋翼无人机的通信与网络控制

在当今高度网络化的世界中，多旋翼无人机的通信与网络控制技术已成为关键功能之一，它不仅对实现远程控制、数据传输和任务协同至关重要，对于保障无人机系统的安全性和可靠性也有着重要影响。随着技术的进步和应用需求的增加，多旋翼无人机的通信技术也在不断地发展和完善，从最初的简单无线遥控到现今的复杂网络控制系统，展现了技术进步的轨迹。

5.4.1 多旋翼无人机通信技术的基础

在现代多旋翼无人机系统中，通信技术的基础构成了实现高效、可靠和安全飞行操作的关键。随着技术的发展和应用场景的扩展，无人机的通信系统也在不断进化，以适应更复杂的飞行任务和环境条件。多旋翼无人机通信技术的三个基本组成部分包括无线传输技术、数据链路协议和网络通信协议，它们共同支撑了无人机系统的通信与网络控制功能。

1.无线传输技术

无线传输技术是无人机通信系统的基石，直接影响着无人机与地面控制站或其他无人机之间的通信效率和质量。根据不同的应用需求和环境条件，多旋翼无人机可以采用多种无线技术进行数据传输。

（1）无线电频率（RF）技术。RF 通信是比较常见的无线传输技术之一，特别适用于长距离和无视线通信。它的主要优点是通信距离远，能够覆盖广泛的地理区域。然而，RF 通信容易受到环境干扰和频率拥堵的影响，需要采取有效的频率管理和干扰抑制措施。

（2）无线局域网（Wi-Fi）技术。Wi-Fi 技术以其高传输速率和便利的接入方式成为短距离无线通信的首选。Wi-Fi 通信支持高速数据传输，适合传输视频和大量飞行数据。但 Wi-Fi 的通信距离相对有限，通常用于近距离操作和室内飞行任务。

（3）长距离低功耗广域网（LoRaWAN）技术。LoRaWAN 提供了一种低功耗、长距离的通信解决方案，适合在广阔的地理区域内进行低速率数据传输，这使 LoRaWAN 成为遥远地区和低功耗应用的理想选择。

2.数据链路协议

数据链路协议在无人机通信系统中扮演着至关重要的角色，它定义了无人机与控制器之间的数据交换格式和传输方法。标准化的数据链路协议可以确保数据传输的准确性和可靠性，避免数据丢失和错误。

（1）数据格式和编码。数据链路协议规定了传输数据的格式和编码方式，包括命令、状态信息和遥测数据的结构化表示。这有助于实现数据的高效编码和解码，提高传输的准确率。

（2）错误检测和纠正。为了保证数据传输的可靠性，数据链路协议通常包含错误检测和纠正机制。这些机制能够识别和修正传输过程中的错误，保障数据的完整性和正确性。

3. 网络通信协议

网络通信协议定义了无人机在复杂网络环境中的通信规则和行为模式。随着无人机应用的多样化和网络环境的复杂化，网络通信协议在无人机系统中的作用日益重要。

（1）网络寻址和路由。网络通信协议支持复杂的网络寻址和路由功能（包括动态地址分配、路由选择和数据包转发等功能），使无人机能够在多节点网络中有效地传输数据，确保数据沿最优路径传输。

（2）数据加密和安全。为了防止数据泄露和非法访问，网络通信协议还包括数据加密和安全措施。这些措施保护了数据传输过程中的隐私和完整性，防止了外部攻击和干扰。

5.4.2　网络控制系统的设计与实现

在探讨多旋翼无人机网络控制系统的设计与实现时，我们首先要明确网络控制系统的目标是通过网络技术实现无人机的远程控制、状态监测以及与其他无人机或系统的协同工作。这个系统的设计和实现是一个综合性的工程任务，涉及网络架构的规划、通信协议的选择、数据安全措施的部署以及网络管理策略的制定等多个方面。

网络架构是网络控制系统设计的基础，它决定了无人机通信的基本模式和网络的整体结构。在设计网络架构时，设计者需要综合考虑无人机操作的具体需求、环境因素以及预期的系统性能。例如，在需要广泛覆盖但节点较少的应用场景中，星形网络可以提供中心化的简单控制和管理；而在节点众多、需要高度冗余和自组织能力的场合，网状网络架构更为合适；此外，混合型网络架构结合了星形和网状网络架构的优点，能够根据实际需求灵活调整，以适应更加复杂多变的操作环境。在这一过程中，通信模式的选择也至关重要，不同的通信模式（如点对点、点对多点、全网广播）将直接影响数据传输的效率和网络的可靠性。

选择合适的通信协议是网络控制系统设计中的另一个关键环节。在多旋翼无人机的应用场景中，通信协议需要在传输效率和系统复杂度之间找到平衡点。例如，MQTT协议以其轻量级和高效的发布/订阅模式，在带宽有限和网络条件较差的环境下表现出色，适用于实时控制信号和状态信息的传输；CoAP协议则专为资源受限的环境设计，通过简化的HTTP-like方法，提供了一种有效的机制来处理无人机间的交互；对于需要可靠连接和数据完整性保证的应用场景，TCP/IP协议则提供了一种成熟的解决方案，支持端到端的数据传输和控制。

在现代无人机系统中，数据安全是一个不容忽视的方面。随着无人机技术的广泛应用，无人机系统成为潜在的安全风险目标。因此，在网络控制系统的设计中，采取有效的数据安全措施至关重要，包括使用SSL/TLS等加密技术来保护数据传输过程中的隐私和完整性，以及通过数字签名和访问控制列表等手段来验证通信双方的身份并限制对敏感信息的访问。这些安全措施能够有效防止数据篡改和未授权访问，保障无人机系统的安全运行。

网络管理是确保网络控制系统稳定运行和高效性能的重要组成部分，涉及无人机网络的配置、监控和故障排除等多项任务。为了高效地管理网络，无人机的网络控制系统通常需要借助专业的网络管理软件和工具，这些工具可以提供实时的网络状态信息、性能指标和安全警报，帮助管理员及时发现并解决网络问题。此外，适当的网络维护和升级策略也是保持系统长期稳定运行的关键。

5.5　群体协同与无人机编队飞行技术

随着无人机技术的飞速发展，单一无人机在执行复杂任务和环境探测方面逐渐显示出其局限性。群体协同工作的无人机编队能够提供更高效率、更强的任务执行能力和更大的灵活性。

5.5.1　群体协同与无人机编队飞行的理论基础

群体协同与无人机编队飞行的理论基础深受自然界中的群体行为启发，特别是鸟类的编队飞行和鱼群的集体移动等现象。这些自然界中的群体行为表明，即使在没有中心控制的情况下，个体之间也能通过遵循简单的规则进行有效的相互作用，从而形成复杂而有序的集体动态。在鸟群飞行中，每只鸟都会调整自己的飞行方向和速度，以便与周围其他鸟保持一定距离，同时避免碰撞并跟随整体方向前进。这种利用局部信息进行决策的机制为无人机编队飞行提供了重要的理论支持。

在将这些自然行为的原理应用到无人机编队飞行的设计和实现过程中，科研人员和工程师面临的主要挑战之一是如何开发出能够确保多个无人机安全、高效地协同完成任务的控制协议和算法，包括无人机之间的相互通信、环境感知、决策制定以及行动协调等多个方面。为了实现这一目标，无人机编队需要具备高度的自主性和灵活性，能够在没有人为干预的情况下自行调整飞行状态，以适应环境变化和任务需求的变动。

控制协议和算法的设计通常利用一些数学模型和理论（如图形理论、控制论、动力学系统分析等），这些理论提供了描述和分析无人机之间交互作用的数学工具。例如，图形理论可以模拟无人机编队中的个体如何通过边（即无人机之间的通信链路）和节点（即无人机自身）组成一个动态变化的网络；控制论和动力学系统分析则提供了理解和设计无人机在空间中飞行行为的基础，包括如何响应控制信号、如何根据周围环境的变化进行自我调节等。

在这个基础上，研究人员开发了各种算法来实现无人机之间的有效协同。这些算法需要解决包括但不限于以下几个关键问题：第一，无人机之间的通信必须是实时且可靠的，因为任何信息的延迟或丢失都可能导致编队整体的混乱甚至碰撞；第二，每个无人机都需要具备环境感知能力，能够准确地识别周围的障碍物和其他无人机的位置，以实现安全的飞行；第三，编队中的无人机需要根据实时获取的信息独立做出飞行决策，这要求算法能够在确保编队稳定性的同时，能适应各种复杂环境和突发事件；第四，算法还需要考虑任务分配问题，确保每个无人机都能根据自身的能力和任务需求高效地完成分配给它的任务。

实现这些目标需要对无人机编队系统进行精细的设计和调试，包括硬件选择、软件开发、系统集成以及实地测试等多个环节。在实际操作中，无人机编队飞行技术的应用场景极为广泛，从军事侦察、灾害响应、农业监测到环境保护等，每一种应用都对无人机编队的性能提出了特定的要求。因此，除了技术上的挑战，如何根据不同的应用需求定制编队飞行策略也是研究和开发过程中的一个重要方面。

5.5.2 关键技术

在无人机群体协同与编队飞行技术的研究与实践中，通信技术、感知与避障技术、分布式控制算法以及任务分配与执行机制构成了该领域的四个关键技术。这些技术的发展和完善直接决定了无人机编队飞行的效率、安全性和可靠性，在无人机技术研究中占据着核心地位。

通信技术在无人机编队中扮演着至关重要的角色。无人机之间的实时、可靠通信是确保群体协同行动能够顺利进行的基础。在编队飞行过程中，每个无人机不仅需要接收来自其他无人机的信息，以获得关于队形、速度、方向等的数据，还需要向其他成员发送自己的状态信息。这种双向通信机制要求无人机备有高效的通信系统，这样的系统必须能够在复杂的环境下稳定工作，支持高数据传输率和低时延，以确保信息的及时传递和处理。高效的通信技术不仅可以减少误差和延迟，还能在无人机间建立一个稳定的信息交换平台，从而提高整个编队的协同效率和反应速度。

感知与避障技术是无人机安全飞行的保障。无人机在执行编队飞行任务时，必须能够准确地感知周围环境，包括其他无人机的位置、障碍物的存在以及各种环境因素的变化。为了实现这一点，无人机通常会搭载包括雷达、激光测距仪、视觉传感器等在内的多种感知设备。这些传感器能够提供实时的环境数据，帮助无人机在飞行过程中做出快速的避障决策，避免与障碍物或其他无人机发生碰撞。随着技术的发展，感知与避障技术已经从最初的基础避障发展到了能够支持复杂环境下的动态路径规划和实时反应，极大地提高了无人机编队飞行的安全性和灵活性。

分布式控制算法是实现无人机自主协同飞行的核心技术。在无人机编队中，每个无人机都必须能够根据自身以及周围无人机的状态信息做出独立的飞行决策，包括速度调整、方向变换、队形保持等一系列复杂的控制任务。分布式控制算法能够使每个无人机在没有中心控制单元的情况下，通过局部信息交换实现全局目标，如队形的稳定、任务的执行等。这种算法的设计与实现要求对无人机的动力学特性、环境因素以及任务需求有深入的理解，同时需要考虑算法的实时性、稳定性和鲁棒性。

任务分配与执行机制是优化无人机编队整体性能的关键。在复杂的任务执行过程中，如何根据每个无人机的性能特点和当前的任务需求动态分配任务，是提高编队效率的重要策略。有效的任务分配机制可以确保每个无人机都能发挥最大的潜力，同时减少资源的浪费。此外，任务执行机制还需要能够应对环境变化和突发事件，通过动态调整任务分配和执行策略，确保任务的顺利完成。

5.5.3　实现方法

实现无人机编队飞行是一个复杂而精细的过程，涉及从编队初始化到队形控制，再到任务协同执行以及动态重组的一系列步骤。这一过程不仅需要高度的技术支持，还需要对无人机的行为和环境的变化有深刻的理解和预测能力。

在无人机编队飞行的实现方法中，首先要进行的是初始化和队形建立。这一阶段的核心目的是在编队飞行开始之前，确立一个合适的起始队形，并确定每个无人机在这个队形中的具体位置。这一步骤是整个编队飞行过程的基础，因为只有在明确了每个无人机的初始状态和位置之后，我们才能对无人机进行有效的控制和管理。队形的选择往往取决于任务需求和环境条件，不同的队形能够适应不同的飞行任务和空域环境。例如，线形队形适用于狭长空间的穿越，楔形或 V 形队形则更适合开阔空间中的集体移动。在这个阶段，对无人机进行精确的定位和编排，可以为后续的飞行操作打下坚实的基础。

队形控制是维持编队稳定飞行的关键。在整个飞行过程中，无人机编队需要面对各种外部环境因素的影响，如风速变化、气压差异等，这些因素都可能导致无人机偏离预定的飞行轨迹。此外，编队内部的相互作用也需要精细的调节，以防止无人机之间发生碰撞。因此，实时的控制算法在这一过程中扮演着至关重要的角色，能够根据实时的飞行数据调整无人机的速度和方向，确保每个无人机都能在保持队形的同时，按照预定的路径安全飞行。这一过程要求控制算法不仅要有高度的准确性和响应速度，还需要能够适应复杂多变的飞行环境。

在任务协同执行阶段，无人机编队的优势得到了充分的发挥。根据任务需求，通过协同工作机制分配和执行任务（如区域搜索、目标跟踪等），每个无人机可根据自身的特点和能力，承担相应的任务分工。这一过程中，无人机之间的信息共享机制显得尤为重要，因为只有高效的信息交流才能确保协同作业的高效率和高质量。例如，无人机编队在进行区域搜索任务时，通过实时共享搜索数据，可以避免重复搜索和遗漏区域，提高搜索效率；在目标跟踪任务中，通过协同工作，可以实现对动态目标的持续跟踪和监控。这一阶段的成功实施，体现了无人机编队在执行复杂任务时的独特优势。

动态重组为无人机编队飞行提供了更高层次的灵活性和适应性。面对环境变化或任务需求变化，无人机编队能够通过动态调整队形和成员组成，以适应新的情况。这意味着无人机编队不是一个静态不变的系统，而是一个能够根据实际需要进行自我调整和优化的动态系统。无论是遇到突发的环境威胁，还是任务需求的变化，通过动态重组，无人机编队都能够快速响应，确保任务的顺利进行。这一能力极大地提升了无人机编队的作战效能和生存能力，使无人机能够在多变的环境中发挥最大的效用。

通过这一系列的实现方法，无人机编队飞行技术能够在保证飞行安全和效率的同时，最大限度地发挥群体协同的优势。从初始化和队形建立到队形控制，再到任务协同执行以及动态重组，每一步都体现了无人机编队技术的高度复杂性和先进性。随着相关技术的不断进步和成熟，无人机编队飞行将在更多领域展现出更大的潜力和价值。

5.6　多旋翼无人机的先进感知与避障技术

5.6.1　技术实现

多旋翼无人机的先进感知与避障技术是当前无人机研究与应用中的热点领域，这些技术不仅关系到无人机的安全运行，还直接影响着无人机在复杂环境中的任务执行能力。随着无人机技术的迅速发展，特别是在城市环境、灾害响应、农业监测等领域的广泛应用，人们对无人机的自主性和智能化要求越来越高。因此，发展高效、可靠的感知与避障技术成为提升多旋翼无人机性能的关键。

多旋翼无人机的先进感知技术主要依赖于各种传感器系统，这些系统能够提供关于无人机周围环境的详细信息。传统的感知系统主要包括光学摄像头、红外传感器、超声波雷达等，它们各自有着不同的优势和局限性。近年来，随着技术的发展，更多先进的传感器（如激光雷达、毫米波雷达等）被广泛应用于无人机系统中，这些先进传感器能够在不同的环境条件下提供更高精度、更大范围的感知能力，极大地提升了无人机的环境感知和避障能力。

利用这些传感器，多旋翼无人机可以实时获取周围环境的三维图像，识别和跟踪静态或动态的障碍物，并根据这些信息进行自主避障。例如，激光雷达能够通过发射激光脉冲并接收反射信号，精确地测量无人机与周围物体的距离，生成周围环境的高精度三维地图，这些地图不仅包含了障碍物的位置信息，还能够提供关于障碍物形状、大小等详细信息，为无人机的避障决策提供可靠的数据支持。

在感知技术的基础上，避障技术是多旋翼无人机安全飞行的另一个关键技术。避障技术主要依赖于复杂的算法，这些算法能够根据传感器提供的环境信息，实时计算出安全的飞行路径，避免与障碍物发生碰撞。当前，无人机避障算法主要包括利用规则的方法、路径规划算法、人工智能方法等。利用规则的方法通过预设的规则直接控制无人机的避障行为，其优点是简单高效，但在复杂环境下的适应性较差。路径规划算法包括 A* 算法、RRT（rapidly-exploring random tree）算法等，能够在更复杂的环境中找到从起点到终点的最优或可行路径，但计算量较大，对计算资源的要求较高。近年来，人工智能方法，特别是深度学习技术在无人机避障中的应用越来越广泛，它通过训练无人机自主学习环境感知和避障策略，能够使无人机在未知或动态变化的环境中实现更加智能化的避障。

多旋翼无人机的先进感知与避障技术还涉及系统的集成与优化问题。

由于多种传感器和复杂算法的使用，如何有效地集成这些组件，确保系统的稳定性和实时性，成为技术实现过程中的一个重要挑战。系统集成不仅需要考虑硬件设备的兼容性，还需要优化算法的运行效率，确保无人机能够在资源有限的条件下，快速、准确地进行环境感知并做出避障决策。

5.6.2　关键技术说明

多旋翼无人机的先进感知与避障技术可以从以下几个关键点进行详细说明。

1. 传感器技术

（1）光学摄像头：利用可见光摄像机捕捉环境图像，适用于视觉导航和简单的避障任务。

（2）红外传感器：通过检测红外辐射来感知周围物体，适合在低光照或夜间环境中使用。

（3）超声波雷达：发射超声波并接收其回波来测量无人机与障碍物之间的距离，适用于近距离避障。

（4）激光雷达：提供高精度的三维环境信息，能够精确地测量物体的距离和形状，适用于复杂环境下的避障。

（5）毫米波雷达：在恶劣天气条件下仍能提供可靠的感知能力，适用于全天候作业。

2. 数据处理与融合

（1）数据预处理：对从各种传感器收集到的数据进行清洗、校正和同步，以提高数据质量。

（2）传感器融合：结合不同传感器的数据来获得更全面、更准确的环境信息，使用算法（如卡尔曼滤波器和粒子滤波器）进行数据融合，以优化感知结果。

3.避障算法

（1）利用规则的方法：通过设定一系列规则直接控制无人机绕过障碍物，简单直观但适应性有限。

（2）路径规划算法：包括 A* 算法、RRT 算法等，通过计算从起点到终点的最优或可行路径来避免障碍物，适合复杂环境中的精确避障。

（3）人工智能方法：应用深度学习和强化学习等技术，使无人机能够自主学习避障策略，提高在未知或动态环境中的避障能力。

4.系统集成与优化

（1）硬件兼容性：确保不同传感器和控制组件之间的兼容性，以及它们与无人机平台的整合。

（2）算法效率：优化算法的运算效率，确保无人机能够在有限的计算资源下快速做出避障决策。

（3）实时性能：提高系统的响应速度，确保无人机可以及时反映环境变化，避开障碍物。

5.测试与验证

（1）模拟环境测试：在模拟的环境中测试无人机的感知与避障性能，以评估系统在理论上的有效性。

（2）实际场景验证：在真实环境中进行飞行测试，以验证系统在实际操作中的可靠性和安全性。

通过上述几点的深入研究和实践，多旋翼无人机的先进感知与避障技术能够实现显著的性能提升，使无人机能够在更加复杂和多变的环境中安全高效地完成任务。

第6章 无人机自主控制系统的管理与优化

在本章中，我们将深入探讨无人机自主控制系统的管理与优化。这一章节旨在详细分析自主控制系统的架构与功能、性能评估与优化策略以及管理流程与系统维护信息，为读者提供一个全面的理解和指导，以实现无人机系统的高效、可靠运行。

6.1 自主控制系统的架构与功能

在深入讨论无人机自主控制系统的架构与功能之前，我们需要先明确什么是自主控制系统。自主控制系统是一套集成的技术和算法体系，能够使无人机在最小或无人工干预的情况下，独立完成各类任务。这种系统的设计和实现体现了现代无人机技术的前沿，不仅要求无人机能够自主导航和避障，还要求它们能够根据任务需求做出决策、调整飞行路径，甚至与其他无人机协同作业。下面将从感知、决策、执行和反馈四个核心组成部分，详细探讨自主控制系统的架构与功能。

6.1.1 感知模块

在当代无人机技术的发展中，感知模块扮演着至关重要的角色，它如同无人机的"眼睛和耳朵"，负责实时地收集和处理来自外部环境以及无人机自身状态的各种信息。这个过程不仅涉及基础的数据采集，还包括对这些数据的高度复杂的处理和解析，使无人机能够准确地理解周围的世界以及自身的状况。感知模块的核心构成包括一系列先进的设备和技术，如摄像头、雷达、激光测距仪以及各类传感器，这些设备共同工作，为无人机提供了对周围环境的实时图像、障碍物信息、地形数据、气象条件，以及无人机自身的速度、高度和姿态等关键数据。快速而准确地处理这些信息对无人机的自主飞行至关重要。在动态变化的外部环境中，无人机必须能够及时做出反应，以避免障碍物、调整飞行路径或者执行特定的任务。例如，在城市环境中，无人机可能需要在高楼大厦之间导航，这就要求无人机能够准确识别和规避建筑物；在森林火灾监控中，无人机需要根据地形和气象信息，选择最佳的监控路径以收集关键数据。

近年来，图像识别、深度学习和人工智能等技术的进步极大地提升了无人机的自主感知能力。图像识别技术使无人机能够理解摄像头捕捉到的图像内容，识别路径上的障碍物、路标和特定的目标物体。深度学习算法能够训练无人机在复杂多变的环境下进行高度精确的导航和避障，通过大量的数据学习，无人机能够识别各种环境条件下的最佳行动方案。人工智能技术的应用，尤其是视觉定位与映射系统（VSLAM），赋予了无人机在完全失去 GPS 信号的情况下，通过识别环境特征来独立导航的能力。这种技术的核心在于，无人机能够通过摄像头捕捉到的环境图像，结合内部传感器的数据，实时地构建出三维的环境地图，并定位自身在该地图中的位置。

感知模块面临的挑战之一是如何在极短的时间内处理和分析海量的数据。无人机在飞行过程中收集到的数据量巨大，包括高分辨率的图像、多维度的传感器数据等，这些数据需要被快速处理和分析，以确保无人机能够及时做出正确的决策。此外，感知模块还必须具备极高的准确性，任何错误的信息都可能导致无人机做出错误的判断，增加安全风险。为了应对这些挑战，无人机领域的研究者和工程师正不断探索更高效的数据处理算法和硬件优化方案。例如，通过采用边缘计算技术，无人机可以在本地进行数据的初步处理和分析，从而减少需要传输到中央处理系统的数据量，加快响应速度；深度学习和人工智能算法的持续优化，也在不断提高无人机处理复杂数据的能力，使无人机能够在更加复杂的环境中实现更高水平的自主飞行。

6.1.2　决策模块

在现代无人机自主控制系统中，决策模块扮演着至关重要的"大脑"角色，负责综合处理来自感知模块的信息，以做出飞行路径规划、任务分配和应急响应等关键决策。这一过程不仅要求无人机具备高度的智能化处理能力，还需要依赖一系列复杂的算法和模型，以确保无人机能够在各种复杂环境中做出最优决策。决策模块的核心任务包括但不限于路径规划、任务优先级分配以及应对突发情况的快速响应能力，这些能力可以确保无人机高效、安全地完成既定任务。

路径规划算法是决策模块的关键组成部分，能够使无人机在复杂的环境中找到从起点到终点的最优或近似最优路径。这一过程需要考虑各种约束条件（如避障、能耗最小化、飞行时间最短等），还要考虑环境的动态变化（如突发的天气变化或其他飞行器的出现）。为了解决这一挑战，研究者开发了多种路径规划算法，这些算法能够在多维空间中快速搜索出最佳路径。深度学习技术的应用使路径规划算法能够通过学习大量的飞行数据，不断优化路径规划的效率和准确性。

任务优先级分配是另一个决策模块需要处理的核心问题，特别是在执行多目标监控、搜救或地图绘制等任务时，如何合理分配任务并规划每个无人机的飞行路线,是确保整个系统效率和效果的关键。在这一过程中,决策模块需要综合考虑每个无人机的性能特点、当前状态以及任务的紧急程度和重要性,通过算法计算出最优的任务分配方案。任务优先级算法在这一过程中发挥着重要作用,能够帮助决策模块确定任务的执行顺序,确保紧急和重要的任务被优先执行。

在遇到突发情况时,无人机的快速响应能力显得尤为重要。决策模块必须能够快速收集和分析突发情况的信息,如遇到未知障碍物或系统部分功能失效时,决策模块能够立即做出调整,重新规划飞行路径或调整任务执行策略。在这一过程中,人工智能决策支持系统的作用不可或缺,它通过模拟人类的决策过程,帮助无人机在面对复杂和多变情况时,做出类似人类的逻辑决策。为了提高决策模块的效率和准确性,现代无人机自主控制系统越来越多地采用了机器学习和人工智能技术。通过训练模型学习历史数据,无人机能够在面对新的情况时,快速匹配最合适的决策方案。同时,随着计算能力的提升和算法的优化,决策模块能够在更短的时间内处理更多的信息,做出更加复杂和精准的决策。

6.1.3 执行模块

执行模块在无人机自主控制系统中能够将决策模块的抽象指令转化为无人机的具体物理动作。这个模块的主要职责是确保无人机能够根据来自决策模块的指令,执行包括起飞、飞行、转向、降落在内的一系列复杂动作,以及根据任务需求执行特定操作,如调整摄像头角度、释放载荷或采集样本等。执行模块的设计和实现需要有极高的技术精度和可靠性,这些可以直接影响到无人机的性能和任务执行效果。执行模块的核心挑战在于如何精确控制无人机的各项动作,并根据实时情况动态调整飞行参数,以应对复杂多变的外部环境。这需要依赖高性能的硬件组件(如电机、伺服机构、传感器等)以及先进的控制算法和策略。控制算法在执行模块中的作用不可小觑,它能够计算出在特定时间点上无人机各部件需要执行的精确动作，以保证无人机平稳、安全地完成飞行任务。控制算法的设计通常利用经典的控制理论（如 PID 控制、模糊逻辑控制）或现代的控制策略（如模型预测控制），这些算法能够根据无人机的当前状态和预期目标，实时调整飞行参数（如速度、高度和方向等），以适应环境变化和执行任务的需要。例如，PID 控制算法通过不断比较目标状态与当前状态之间的差异，并通过调整控制量（如电机速度）来减小这一差异，从而实现对无人机飞行状态的精确控制。

随着技术的进步，机器学习和人工智能技术也被越来越多地应用于执行模块的控制策略中。通过训练算法学习大量的飞行数据，无人机能够在面对未知环境或复杂情况时，自主做出最优的飞行调整决策，这种智能化的控制策略不仅提高了无人机应对复杂环境的能力，还极大地增强了无人机执行复杂任务的灵活性和准确性。除了控制算法，硬件的性能也是执行模块将决策指令转化为实际动作的关键。高性能的电机和伺服机构可以确保无人机快速响应控制指令，精确执行飞行动作；高精度的传感器则能够提供准确的飞行状态信息，为控制算法的决策提供数据支持。因此，执行模块的设计和优化是一个硬件和软件紧密结合的复杂工程，需要跨学科的知识和技术支持。

6.1.4　反馈模块

在现代无人机的自主控制系统中，反馈模块发挥着极其关键的作用，它不仅是系统的"回声"，能够持续监控执行结果，还能确保无人机操作的正确性和安全性。通过实时地收集和分析无人机的状态数据及环境信息，反馈模块能够及时发现问题，做出必要的调整或规划，确保无人机能够有效应对各种预期之外的情况。这一机制的有效运作对于无人机的稳定性和可靠性至关重要，特别是在执行复杂任务或在不确定环境中飞行时。反馈模块的设计旨在实现快速、准确的数据处理和信息反馈，它需要从大量收集到的数据中迅速识别出关键信息（如飞行态势的微小变化、环境的突变等），并将这些信息及时传递给决策模块。这一过程不仅需要高效的数据处理算法，还需要能够实时处理和传输数据的高性能硬件设施。现代无人机系统通常采用先进的传感器、高速处理器和复杂的数据分析软件，以确保信息能够被准确捕捉和快速处理。反馈模块还具有学习和调整的功能。通过对执行过程中收集到的数据进行分析，系统不仅能够实时调整无人机的行为，还能够从中学习，以优化未来的任务执行策略。这种学习能力是通过采用机器学习和人工智能技术实现的，这些技术能够让无人机"记住"成功的飞行策略和遇到的问题，从而在相似情况下做出更加有效的响应。反馈模块的另一项重要功能是保证无人机行动的安全性。通过实时监测无人机的飞行状态和周围环境，反馈模块能够及时检测到潜在的风险和威胁，如即将发生的碰撞、不稳定的气候条件或其他飞行器的接近。一旦发现这类问题，反馈模块会立即通知决策模块，后者随即调整无人机的飞行路径或采取其他应急措施，以避免事故的发生。实现这一系列功能的关键在于反馈模块与系统中其他模块之间的紧密集成和协调。反馈模块不是一个孤立的单元，而是与感知模块、决策模块和执行模块等其他组成部分紧密相连，形成了一个高效、响应迅速的整体。这种集成确保了信息能够在模块间无缝传递，从而实现快速、准确的决策和执行。

自主控制系统的四个模块不是孤立工作的，而是需要紧密协同，以实现复杂任务的自主完成。从避障、路径规划到目标跟踪，每一个任务的完成都依赖于感知、决策、执行和反馈模块的有机结合。例如，在执行避障任务时，感知模块首先识别出前方的障碍物，决策模块随即计算出避开障碍物的最佳路径，执行模块控制无人机按照这一路径飞行，反馈模块则实时监测飞行状态和环境变化，确保无人机安全通过。这种协同工作机制使无人机能够在不同环境和任务需求下，灵活应对并高效完成任务。无论是在城市复杂的建筑群中进行精确导航，还是在偏远地区执行大范围的地图测绘任务，自主控制系统都能够确保无人机的高效和安全运行。

6.2　性能评估与优化策略

性能评估和优化策略对于理解系统的当前能力、识别潜在的改进空间以及实施必要的调整至关重要。下面将深入探讨性能评估的常用指标，以及如何通过一系列优化策略和技术手段来提升无人机自主控制系统的整体性能。

6.2.1　性能评估指标

在探索和优化无人机自主控制系统的性能时，准确地衡量和评估系统的性能成为一个至关重要的步骤。性能评估指标不仅为系统设计者和运营者提供了一个明确的性能基准，还指引了优化的方向和重点。这些指标包括响应时间、准确度、鲁棒性和能耗，每个指标都从不同的维度反映了系统的性能和效率。响应时间关注的是系统对外部变化的反应速度，准确度能够衡量执行任务的正确性，鲁棒性反映了系统对干扰的抵抗能力，能耗则关注系统的运行效率和续航能力。这些指标共同构成了评估和优化无人机自主控制系统性能的基础，指导着系统的设计、调整和改进。

1. 响应时间

响应时间是系统从接收外部输入或检测到环境变化到做出相应动作所需的时间。在无人机的应用领域，响应时间涉及从简单的飞行控制响应（如调整飞行高度或方向）到复杂的决策过程（如避障、目标追踪或路径重新规划）。一个低延迟的响应时间不仅能提高无人机对突发事件的处理能力，增强无人机在复杂环境下的生存能力，还能够提升任务执行的准确性和安全性。

响应时间的优化是一个多方面的挑战，涉及硬件设计、软件算法以及系统架构的优化。在硬件层面，使用高性能的处理器可以加快数据处理速度，而高灵敏度的传感器能够更快地捕捉环境变化，从而缩短系统的响应时间。此外，无人机的通信系统也需要高效、可靠，以确保信息传输的延迟最小化。在软件层面，优化算法能够减少决策所需的计算时间，如通过采用更高效的数据结构和算法或者利用机器学习技术来预测和提前准备响应策略。软件架构的设计也应当支持快速响应，如通过事件驱动机制来确保系统能够及时处理紧急的任务。

仅仅关注响应时间的优化并不足以保证无人机系统的高效运作，过度优化响应时间可能会牺牲系统的其他方面性能。例如，过度追求快速响应可能会导致系统过于频繁地做出决策和调整，这不仅增加了能耗，还可能因为频繁变动而降低飞行的平稳性和准确性。因此，在设计和优化响应时间时，系统设计者需要综合考虑多个性能指标，通过细致的分析和多次迭代测试，找到一个合理的平衡点。

优化响应时间还需要考虑系统的可扩展性和未来技术的发展。随着无人机技术的不断进步，新的传感器、处理器和算法不断涌现，这些新技术可能会对系统的响应时间产生显著影响。因此，设计一个具有良好可扩展性的系统能够轻松地集成这些新技术，是优化响应时间的另一个重要方面。这不仅能够确保系统持续地从技术进步中受益，还能够提升系统的长期竞争力和适应性。

2. 准确度

准确度直接关系到无人机能否按照既定目标和计划高效、正确地执行任务。准确度的高低不仅决定了任务执行的成败，还直接影响着系统的可靠性和安全性，在复杂或人员密集的环境下更是如此。无人机的准确度涉及多个方面，包括但不限于飞行路径的规划准确性、目标识别和分类的正确率以及任务执行过程中的精确度等。

飞行路径的规划准确性是准确度指标中的重要一环，它要求无人机能够根据当前环境和任务需求，计算出一条既安全又高效的路径。这一过程需要综合考虑各种因素，包括避障、能耗最优化、时间效率以及对环境变化的适应性等。高准确度的路径规划不仅能够确保无人机安全地到达目的地，还能够优化飞行过程，减少不必要的能耗和时间损失。

目标识别和分类的正确率也是衡量无人机准确度的关键指标之一。在许多应用场景（如搜索与救援、农业监测、安全巡查等）中，无人机需要准确地识别特定目标并做出相应的决策。这不仅需要高效的图像处理和分析技术，还需要强大的机器学习或深度学习算法来提高识别的准确率。错误的识别和分类可能会导致任务失败，或在更糟糕的情况下，造成不必要的风险和损失。

任务执行过程中的精确度（尤其是在细致操作或精确投放等任务中），对于无人机的准确度要求极高。例如，在精确农业中，无人机可能需要在特定位置精确喷洒农药或进行植物病害的精确检测；在城市环境中，无人机可能需要在狭窄空间内进行精确的飞行。这些任务对无人机的控制系统提出了高精度的要求，不仅需要高性能的硬件支持，还需要复杂的算法来确保操作的精确性。

提高准确度的方法有许多：第一，通过高性能的硬件提高系统的处理能力和传感器的精度，确保无人机能够快速、准确地收集和处理信息；第二，优化算法和数据处理流程，包括改进路径规划算法、提高图像识别的准确性以及优化控制算法以提高飞行和操作的精确度；第三，采用机器学习和人工智能技术，使无人机能够在执行任务过程中不断学习和适应，从而提高整体的准确度。

3. 鲁棒性

在自主控制系统，特别是在无人机领域中，鲁棒性直接关系到系统在面对不可预测环境变化、外部干扰以及内部故障时的表现。一个具有高鲁棒性的无人机系统能够确保在各种极端和不确定的条件下执行任务，保持稳定的飞行态势，从而大大提升任务的成功率和系统的安全性。

鲁棒性的要求源于无人机操作的复杂性和多变性。无人机可能被部署在各种环境中，从城市的拥挤空间到偏远的自然地带，每一种环境都可能带来不同的挑战，如不稳定的气流、电磁干扰、视觉遮挡等。此外，无人机还可能遇到内部故障，如传感器失效、控制系统故障等。在这些情况下，鲁棒性强的系统能够确保无人机采取恰当的应对措施（如重新规划飞行路径、启用备用系统或执行安全降落），以避免任务失败或造成事故。

提高鲁棒性的方法涉及无人机系统的各个方面，包括硬件设计、软件算法以及系统架构的冗余设计等。在硬件方面，采用高质量的组件并加强组件之间的抗干扰能力，可以减少外部干扰对无人机系统的影响。同时，采用多传感器融合技术可以提高系统对环境的感知能力，即使部分传感器失效，系统仍能通过其他传感器维持基本的操作能力。

在软件算法方面，鲁棒性的提升主要通过算法优化和智能决策来实现。例如，通过改进飞行控制算法和路径规划算法，无人机可以更有效地应对突发的环境变化和障碍物。此外，采用机器学习和人工智能技术可以使无人机在面对未知环境或新类型的干扰时，能够快速学习和适应，从而提高系统的整体鲁棒性。

系统架构的冗余设计是提高鲁棒性的另一个重要方面。通过设计冗余的控制系统、动力系统和通信链路，即使部分系统发生故障，无人机仍然能够继续执行任务或安全返回。这种设计理念确保了系统在关键组件失效时仍有足够的备份方案，从而大大提高了系统的整体稳定性和可靠性。

4. 能耗

能耗在无人机的设计和运营中不仅直接影响着无人机的续航能力和任务执行效率，还是衡量无人机经济性和环境友好性的重要指标。随着无人机技术的飞速发展和应用范围的不断扩大，如何有效管理和优化无人机的能耗已经成为研究和工业领域关注的焦点之一。优化能耗的目标不仅包括延长无人机的飞行时间，减少充电或换电的频率，还包括降低运营成本和提高无人机对环境的适应性，从而增强无人机在各种应用场景下的实用性和竞争力。

无人机能耗的优化需要从无人机的设计开始，包括结构设计、材料选择、能源系统配置等多个方面。在结构设计上，优化无人机的形状并减少其质量，可以降低空气阻力，减少能量消耗。例如，采用流线型的设计可以有效减少飞行过程中的空气阻力。在材料选择方面，使用轻质材料（如碳纤维复合材料）可以在保证结构强度的同时减轻无人机的质量。能源系统的选择也是影响无人机能耗的重要因素，高效的电池和能源管理系统可以确保电能的最大化利用，延长无人机的续航时间。

无人机的能耗优化还涉及飞行控制和任务规划的智能化。精确的飞行控制算法和有效的路径规划可以避免不必要的加速和减速，减少能量的浪费。例如，采用预测控制和自适应控制策略可以使无人机根据实时的飞行环境和任务需求调整飞行状态，避免过度消耗能量；智能的任务规划算法能够根据任务需求和当前的能源状况规划出最节能的飞行路径和任务执行策略，从而最大限度地利用有限的能源完成更多的任务。

在能源管理方面，高效的能源管理系统是实现无人机能耗优化的关键，包括电池管理系统（BMS）的优化以确保电池的健康状态并延长其使用寿命，以及能量回收技术的应用（如通过将下降飞行等过程中的动能转换为电能，可再次利用这部分能量）。此外，采用多种能源的混合动力系统（如结合电池和太阳能板）也是提高能源利用效率和延长续航时间的有效方法。

6.2.2　优化策略

在无人机自主控制系统的性能优化过程中，采取有效的优化策略是至关重要的。这些策略包括算法优化、硬件选择、软件调校以及利用人工智能技术进行的自动化优化。设计者通过精心设计和实施这些策略，不仅可以显著提高无人机的操作效率和响应速度，还能在保证任务执行准确性的同时，最大限度地降低能耗，增强系统的鲁棒性。特别是人工智能技术的应用，为无人机自主控制系统的自我学习、自我适应和持续优化开辟了新的途径，使无人机能够在复杂多变的环境中更加灵活和智能地完成任务。

1.算法优化

在无人机自主控制系统中，算法优化直接影响着系统的性能，包括响应时间、准确度、鲁棒性以及能耗等关键指标。优化算法不仅可以提高无人机在复杂环境下的适应能力和任务执行效率，还能在保障任务完成的同时减少能源消耗，延长作业时间。因此，算法优化成为自主控制系统研究和应用中的一个核心内容。算法优化的目的是在保证算法执行效果的前提下，尽可能地简化算法结构和计算过程，减少计算资源的消耗。对于无人机自主控制系统来说，算法优化通常围绕以下几个方面进行。

第一，路径规划算法优化。路径规划是无人机自主控制系统中的基础功能之一，它决定了无人机从起点飞行到终点的路径选择。优化路径规划算法不仅可以减少无人机的飞行距离和时间，还能使无人机在遇到突发情况时快速重新规划路径，避免障碍物，确保飞行安全。在路径规划算法中，常见的优化方法包括使用图搜索算法（如 A* 算法、Dijkstra 算法）进行静态路径规划，以及采用动态规划和启发式搜索方法进行动态路径优化。

第二，决策算法优化。决策算法负责根据当前的环境信息和飞行状态，做出如何执行任务的决策。优化决策算法可以提高无人机对环境变化的适应性和任务执行的准确性。例如，引入机器学习和人工智能技术可以使无人机在面对未知环境和复杂任务时，更加智能地做出决策，如采用强化学习算法让无人机通过与环境的交互学习最优的行动策略。

第三，控制算法优化。控制算法直接影响着无人机的飞行性能，优化控制算法可以提高无人机的飞行效率和安全性。在控制算法中，常见的优化方法包括 PID 控制算法的参数调整、模糊控制和自适应控制算法的应用以及利用模型预测控制的高级控制策略，这些方法能够在保证飞行稳定性的同时，提高控制的灵敏度和准确性。

第四，能耗算法优化。对于无人机来说，能源十分宝贵，优化能耗不仅能延长无人机的续航时间，还能提升整体作业效率。能耗算法优化通常涉及对无人机飞行模式的调整、飞行路径的优化以及执行任务的策略调整等，目的是在保证任务完成质量的前提下，最大限度地降低能源消耗。

2.硬件选择

在无人机自主控制系统的设计与实现过程中，硬件选择是一个至关重要的环节。合理的硬件配置不仅可以提升系统的处理能力和响应速度，还能有效降低能耗，从而延长无人机的续航时间，提高整体作业效率。在硬件选择上，关键的考虑因素包括处理器的性能、计算硬件的专用性、组件的功耗以及电源管理系统的优化等方面。

高性能处理器是无人机自主控制系统的核心，直接决定了系统处理数据和执行算法的能力。在无人机的应用场景中，处理器需要快速处理来自传感器的大量数据（包括图像、声音和各种环境参数等），以实现实时的环境感知、路径规划和任务执行等功能。因此，选择能提供高计算性能的处理器显得尤为重要。目前，市场上广泛应用于无人机中的处理器包括 ARM 架构的 CPU、英特尔的 Atom 和 Core 系列处理器以及 AMD 的低功耗处理器等。这些处理器在保证较高计算性能的同时，能通过先进的节能技术来降低能耗，满足无人机对于轻量化和长续航的需求。

专用的计算硬件包括 GPU（图形处理单元）和 FPGA（现场可编程门阵列），这些计算硬件在无人机自主控制系统中也扮演着重要角色。GPU 由于其并行处理的特性，特别适合处理图像识别、视频分析等大规模并行计算任务，能够显著提升无人机在视觉处理方面的性能。FPGA 则因其可编程性和灵活性，被广泛应用于无人机的信号处理、实时控制等领域。FPGA 可以根据应用需求进行定制化编程，实现硬件级别的算法加速，从而在确保高效能处理的同时，大幅降低系统的功耗。

在无人机的硬件选择中，低功耗组件的应用是降低能耗、延长续航时间的关键，包括采用低功耗的传感器、通信模块、存储设备等。这些低功耗硬件组件可以在不降低系统性能的前提下，有效减少整体能耗。此外，电源管理系统的优化也是提升无人机能效的重要方面。高效的电源管理系统可以根据无人机的工作状态动态调整能源分配和消耗，通过智能化的电源管理策略（如休眠唤醒机制、能量回收技术等），进一步降低能耗，提升续航能力。

3. 软件调校

软件调校涉及操作系统优化、驱动程序更新以及代码性能调优等多个层面，每个环节都直接影响着无人机的运行效率和任务执行能力。

操作系统优化是软件调校的首要步骤。无人机控制系统通常在轻量级的操作系统下运行，如 Linux 的定制版本或者实时操作系统（RTOS）。操作系统的优化目标是减少系统启动时间、提升任务调度效率和减少系统对资源的占用。设计者通过定制操作系统，移除不必要的服务和进程，可以有效降低系统的启动延迟和运行时的资源消耗。此外，优化内核参数（如调整进程调度策略、内存管理机制和网络堆栈配置）可以显著提升系统的实时响应能力和数据处理速度。

驱动程序的更新和优化也是提升无人机控制系统性能的关键。驱动程序作为硬件和操作系统之间的桥梁，其性能直接影响着硬件设备的响应速度和数据处理能力。更新驱动程序可以解决存在的兼容性问题和性能瓶颈，利用硬件的最新功能。在驱动程序开发中，采用高效的编程技术和算法（如直接内存访问传输、中断驱动处理等）可以减少 CPU 的负载，提高数据传输和处理的效率。

软件代码的性能调优则是软件调校中的精细工作。无人机控制系统的软件包括飞行控制算法、数据处理程序、用户接口等，每一部分的代码质量都直接关系到系统的整体性能。设计者通过代码审查、性能分析和测试，可以识别代码中的瓶颈和低效结构，进行针对性的优化。例如，优化算法实现、减少不必要的数据复制、使用更高效的数据结构和缓存机制等，都可以显著提高代码的执行速度和资源利用率。此外，采用多线程和并发编程技术，可以充分利用处理器的多核性能，提升系统的并行处理能力。

4. 人工智能的优化方法

在当今技术革新的时代，人工智能和机器学习技术正迅速成为提升无人机自主控制系统性能的关键工具。人工智能的优化方法通过数据驱动的学习过程，为无人机的自主决策、路径规划和任务执行提供了全新的视角和能力。这些方法能够使无人机在面对不确定环境和复杂任务时，实现更高的适应性、准确性和效率。

强化学习是一种有效的机器学习方法，特别适用于无人机的自主控制系统优化。在强化学习框架下，无人机被视为智能体（agent），通过与环境的交互来学习如何达到目标。无人机在执行一个动作并观察到环境的反馈（奖励或惩罚）时，它就会逐步学习哪些动作能够导致更好的结果。这种通过试错学习的过程，使无人机能够自主地优化飞行策略，无须人工编程指定每一步的行动。通过利用模拟环境进行训练，无人机可以在不受物理限制和安全风险影响的情况下，进行大量的飞行试验。这些模拟训练不仅包括基本的飞行操作和避障任务，还可以扩展到复杂的任务执行和多无人机协同等高级功能。模拟环境可以精确地复制真实世界的物理规律和环境因素（如风速、气流扰动、地形变化等），使学习过程能够考虑到真实飞行中可能遇到的各种情况。

除了强化学习，深度学习也在无人机自主控制系统优化中发挥着重要作用。深度学习能够处理复杂的感知任务，如图像识别、物体检测和环境理解，为无人机提供强大的环境感知能力。通过训练深度神经网络，无人机能够识别和分类环境中的对象，预测未来状态，并据此做出快速反应。这些能力对于无人机在未知或动态环境中的自主飞行至关重要。结合强化学习和深度学习，无人机自主控制系统可以实现从感知到决策的全流程优化。这种端到端的学习方法，使无人机能够在复杂环境中表现出人类飞行员般的适应性和智能，有效提升任务执行的成功率和效率。此外，人工智能的优化方法还具有良好的泛化能力，使无人机学到的知识和策略能够适用于多种不同的任务和环境。

6.3　管理流程与系统维护

对于自主控制系统，尤其是用于无人机的系统，有效的管理流程和维护策略不仅是维持日常运行的基础，还是确保长期稳定性与可靠性的关键。一个全面的管理和维护计划应包括以下几个方面。

第一，系统配置。自主控制系统的初始配置是确保系统正常运行的第一步。系统配置包括对硬件参数的设置、软件环境的安装和配置以及控制算法的初始化等。正确的系统配置能够保证无人机在各种飞行条件下的最优性能，同时为系统的可靠性和稳定性奠定基础。

第二，性能监控。持续的性能监控是及时发现系统潜在问题、预防系统故障的有效手段。实时监控无人机的飞行数据、系统状态和环境信息，可以快速识别性能下降的迹象或异常状态，从而采取相应的预防或修复措施。性能监控不仅包括硬件的监控（如电池电量、传感器状态等），还包括软件和控制算法的性能评估。

第三，故障诊断。当无人机系统出现故障时，能够迅速而准确地诊断问题原因是快速恢复系统正常运行的关键。故障诊断通常依赖于详细的日志记录、故障代码分析以及专业的诊断工具，对于复杂的系统故障，可能还需要运用专业的分析软件和模拟工具来辅助诊断。

第四，软硬件更新与升级。随着技术的发展和系统运行环境的变化，定期对无人机的软硬件进行更新和升级是保持系统性能的重要措施，包括安装最新的固件和软件补丁、升级控制算法以及替换或升级过时的硬件组件等。软硬件的更新不仅能够提升系统性能，还能增强系统的安全性和抗干扰能力。

第五，预防性维护。预防性维护是通过定期检查和维护来预防系统故障的策略，包括对无人机的关键组件进行定期检查、清洁和必要的更换，以及对软件进行定期的性能评估和优化。预防性维护可以显著降低系统故障的发生概率，延长系统的使用寿命。

第六，故障恢复策略。对于不可避免的系统故障，我们应有明确的故障恢复策略，以确保无人机在发生故障时能够安全降落或采取其他安全措施。故障恢复策略应包括故障检测机制、紧急响应程序以及数据备份和恢复方案等。

第七，长期升级规划。随着无人机技术的快速发展，对自主控制系统进行长期的规划和升级是必要的，包括关注新兴技术的发展趋势、评估系统升级的需求和可能性以及规划系统功能的拓展和性能的提升等。

上述管理流程和维护策略的实施可以有效保证自主控制系统的长期稳定运行，确保无人机能够在各种复杂环境中安全、可靠地执行任务。这不仅需要技术人员的专业知识和技能，还需要对系统进行全面和细致的规划和管理。

第7章 无人机导航与自主控制的实践应用

本章将深入探讨无人机导航与自主控制技术在实际应用中的多样化场景和未来发展趋势。随着技术的不断进步和应用领域的不断扩展，无人机已经成为现代社会十分重要的工具，它的应用范围从军事侦察、边境巡视扩展到民用探测、农业监测、环境保护和灾害救援等。

7.1 无人机综合检测与评估

无人机综合检测与评估不仅是确保无人机系统安全、可靠运行的基础，还是提升无人机操作效率和性能的关键环节。无人机综合检测与评估包含多个方面，涵盖了从物理结构到软件系统，再到操作人员技能的全面审核和评定。

7.1.1 无人机的结构完整性检测

无人机的结构完整性是指无人机的物理组件和结构是否处于最佳状态，能否承受预期的工作负荷而不发生损坏或失效。结构完整性检测通常包括对无人机框架、螺旋桨、电池、传感器等关键部件的检查，确保没有裂纹、变形或磨损等物理损伤。此外，结构完整性检测还需要评估无人机的装配质量，包括螺丝紧固情况、电线连接、组件间的配合精度等。

7.1.2　系统性能评估

系统性能评估涵盖了从起飞到降落的全过程，目的是确保无人机不仅能够执行基本操作，还能在执行复杂任务时保持高水平的性能。为了实现这一目标，系统性能评估必须全面而细致，不仅包括对无人机本身的测试，还需要评估无人机通信系统在各种环境下的表现。

起飞和降落是无人机操作中基础且关键的部分，因此在系统性能评估中被给予了特别的关注。在评估过程中，评估人员需要观察无人机在不同载荷下的起飞性能，检测无人机对起飞指令的响应时间以及起飞过程中的稳定性和控制精度。在降落测试中，评估人员需要评估无人机在不同条件下的降落精度和稳定性，包括自动降落和手动降落的性能差异以及在突发情况下的应急降落能力。

飞行稳定性和悬停能力是评估无人机控制系统性能的关键指标。评估人员通过模拟风速变化、温度波动等自然条件，测试无人机在不稳定环境下的飞行表现，包括无人机对突发风速变化的响应能力，以及在长时间悬停时的位置稳定性和能耗。此外，评估人员还需要评估无人机在执行精确操作（如定点拍摄或精确投放物资）时的控制精度。

转向性能测试是评估无人机灵活性和响应能力的重要部分。评估人员通过在预设的飞行路径上使无人机进行多种复杂的飞行动作（如快速转弯、S 形飞行等），测试无人机的转向精度和动态响应速度。这些测试不仅能够检验无人机的飞行控制系统，还能够检验无人机的动力系统和结构设计的合理性。

通信系统的性能评估是无人机系统性能评估中不可忽视的一部分。无人机在执行任务时，需要依赖稳定的通信系统与操作员或自动控制系统进行数据交换。因此，评估过程中需要检测无人机在不同环境（如城市建筑群、山区、电磁干扰区等）下的通信信号强度、传输速率和抗干扰能力。此外，通信系统的性能评估还包括对通信系统安全性的评估，确保数据传输过程中的加密和防篡改能力。

系统性能评估不仅是一次对无人机当前性能的检验，还是对无人机设计和制造质量的全面审核。通过这一过程，评估人员可以及时发现并解决系统中存在的问题，为无人机的持续改进和优化提供依据。系统性能评估也为无人机操作人员提供了重要的性能数据，帮助他们更好地理解无人机的能力和限制，从而在实际操作中做出更加合理的决策。

7.1.3　导航精度验证

高精度的导航系统可以使无人机在各种复杂环境中进行精确的定位和导航，从而执行精确的测量、监视、物资投递等任务。为了实现这一目标，无人机通常依赖多种导航技术，包括全球定位系统、俄罗斯的格洛纳斯（GLONASS）、视觉辅助导航、激光雷达等。

导航精度验证的过程要求在多种不同的环境和条件下进行，以确保无人机系统的可靠性和准确性。这不仅包括在开阔地带进行的基本测试，还涉及城市环境中的建筑群、山区的复杂地形以及森林中的树木遮挡等特殊场景。除此之外，不同的天气条件（如强风、雨、雪以及雾等）也对无人机的导航精度提出了额外的挑战。

在城市环境中，建筑物可能会对 GPS 信号产生阻挡和反射，产生"城市峡谷效应"，从而影响无人机的定位精度。在这种情况下，视觉辅助导航系统可以通过识别地面特征来辅助定位，从而提高导航精度。此外，激光雷达技术也能够提供关于周围环境的精确信息，帮助无人机避开障碍物并准确导航。

在山区或森林中，地形和树木的遮挡同样会给无人机的导航系统带来挑战。在这些环境下，除了依赖于 GPS 和 GLONASS，无人机还可能需要利用地形匹配和激光雷达进行辅助导航。地形匹配技术通过比较无人机获取的实时地形数据与预先存储的地图数据，来确定无人机的位置，从而在没有 GPS 信号的情况下实现准确导航。

导航精度验证需要在实际飞行测试中对无人机进行综合评估，这涉及精确测量无人机在执行任务过程中的实际飞行路径与预定路径之间的偏差，以及在不同环境和条件下的定位误差。通过这些测试，评估人员可以评估无人机导航系统的准确性和可靠性，从而对系统进行必要的调整和优化。

7.1.4 自主控制能力测试

自主控制能力测试直接关系到无人机在实际应用场景中的独立运作能力。这种测试不仅要评估无人机在标准操作条件下的表现，还要评估无人机在遇到非预期情况时的应对能力，如在 GPS 信号丢失或通信中断的情况下能否安全归航或继续执行任务。这些测试的目的是确保无人机系统能在各种复杂、未知的环境中做出快速而准确的决策，并自主完成任务。

自主控制能力的测试通常涉及几个核心领域：自主起飞、路径规划、障碍物避让、目标识别和追踪以及自主降落。每一个领域都要求无人机能够在没有人工干预的情况下，依赖其内置的传感器、处理器和算法来完成任务。

自主起飞和自主降落测试主要评估无人机在起飞和降落过程中的稳定性和准确性，包括在不同地面条件下的适应性，如不平整地面或限制空间内的起飞和降落能力。路径规划测试则重点考察无人机在飞行过程中能否根据预设的任务要求或实时获取的环境信息，快速制定或调整飞行路径，包括对复杂环境的适应性测试，如城市建筑群、森林或山区等不同地形条件下的路径规划能力。障碍物避让能力测试是评估无人机在遇到预期之外的障碍物时，能否及时发现并制定避让策略，确保飞行安全，这需要无人机的传感器能够准确捕捉到障碍物的位置和大小，同时要求算法能够快速计算出安全的避让路径。目标识别和追踪测试评估的是无人机在执行监视、跟踪或搜索任务时的效能，包括在复杂环境中对特定目标的识别准确度以及在目标移动时的追踪稳定性。

无人机在 GPS 信号丢失或通信中断的情况下，其自主控制能力的测试变得尤为重要。这种情况下的测试评估的是无人机能否依靠其视觉系统、惯性导航系统等内置传感器和算法进行自主导航和任务执行，包括在失去外部导航信号的情况下，无人机能否利用视觉识别技术或其他传感器信息保持正确的飞行方向，甚至完成任务或安全返回起点。进行这些自主控制能力测试的方法包括设定具体的测试场景和任务，然后观察和记录无人机在执行任务过程中的表现。这些测试不仅要在模拟环境中进行，还要在实际环境中执行，以确保测试结果的真实性和可靠性。此外，测试过程还需要采集大量数据，包括无人机的飞行轨迹、速度、高度以及遇到障碍时的反应等，以便后续分析和系统优化。

7.1.5 操作人员的培训与评估

在无人机的发展和应用中，操作人员的培训与评估占据了极其重要的位置。尽管无人机技术的进步使无人机的操作变得更加自动化和智能化，但高效、安全地驾驭无人机，依然需要操作人员具备深厚的理论知识和丰富的实践经验。因此，构建一个全面、系统的操作人员培训与评估体系，对于提高无人机操作的安全性和有效性至关重要。

培训内容应全面覆盖无人机的各个方面。一是无人机的基础知识，包括无人机的构造、工作原理、性能特点等，以便操作人员对无人机有一个全面的了解。二是操作规范，操作人员需要熟悉无人机的启动、起飞、飞行、降落等操作流程，掌握各种飞行模式和控制技巧。三是应急处理程序，操作人员需要在遇到紧急情况（如无人机失控、系统故障、通信中断等）时，能够迅速采取有效措施，确保无人机和周围环境的安全。

操作人员的评估是培训过程的重要组成部分，能够验证培训的效果，确保每位操作人员都具备安全、有效操作无人机的能力。评估通常包括理论考试和实际操作测试两个部分。理论考试用于检验操作人员对无人机基础知识、操作规范、应急处理程序等理论内容的掌握程度。实际操作测试侧重于评估操作人员的实操能力，包括无人机的起飞、操控、避障、任务执行、降落等实际操作过程，特别是在模拟复杂环境和突发状况下的应对能力。

为了确保培训和评估的质量，培训机构应配备专业的教练员，使用先进的培训设备和方法（如模拟器训练、虚拟现实技术等），使培训更加直观、高效。同时，培训过程应不断更新，能够反映无人机技术的最新发展和应用实践的新要求。

7.2　实战环境中的导航与控制策略

在实战环境中，无人机的导航与控制策略成为决定无人机执行任务成功与否的关键因素。与标准测试环境相比，实战环境充满不可预测性，包括但不限于天气变化、地形复杂性、敌方干扰和电子战等挑战。在这种情况下，无人机不仅需要具备高度精确的导航能力，还必须能够在复杂和动态的环境中进行有效的自主控制。下面是实战环境中无人机导航与控制策略的几个关键方面。

7.2.1　实时环境感知

在实战环境中，无人机的实时环境感知能力不仅包括基本的飞行操作（如起飞、巡航、避障和降落），还涉及更高级的功能（如目标识别、跟踪和精确打击）。为了实现这些功能，无人机必须能够实时收集、处理并理解其所处环境的各种信息。

实时环境感知系统的核心是传感器阵列，这些传感器能够从不同维度和角度收集环境数据。例如，光学摄像头能够提供高分辨率的视觉图像，使无人机能够在日间操作时识别地面特征和目标；红外传感器扩展了无人机在夜间或能见度低的情况下的操作能力，通过检测热量分布来识别目标；雷达系统，特别是合成孔径雷达（SAR），能够穿透云层和轻雾，提供地形和大型目标的详细信息；激光雷达通过发射激光脉冲并测量其反射时间，能够生成高精度的三维地图，对于在复杂地形中导航和避障尤为重要。

传感器收集的原始数据需要经过复杂的处理和分析，才能转化为对无人机有用的信息。这一过程涉及图像处理、模式识别和机器学习等技术。图像处理技术可以从摄像头收集的图像中提取特征（如边缘、角点和纹理），以识别地面标志、障碍物和目标。模式识别技术可从这些特征中识别特定的对象和形状。机器学习（尤其是深度学习）能够使无人机从大量数据中学习并提高环境感知能力，如通过训练识别特定类型的目标。

7.2.2 动态路径规划

动态路径规划的核心在于让无人机能够根据实时获取的环境信息，快速计算出到达目的地的最佳路径，同时避开各种潜在的障碍物和威胁。这要求路径规划算法不仅高效、灵活，还需要具备高度的鲁棒性和适应性。传统的路径规划方法（如利用网格的搜索算法）在处理简单环境时表现良好，但在复杂或动态变化的环境中可能难以满足实时性和灵活性的要求。

A* 搜索算法是一种广泛应用于路径规划的启发式搜索算法，它通过评估从起点到终点的成本（包括已走路径的成本和预估的剩余路径成本），来找到成本最低的路径。A* 算法的优势在于其效率和准确性，但在处理大规模或高动态环境时，计算成本可能会变得非常高。RRT 算法可通过随机采样的方式快速探索空间，构建一个覆盖搜索空间的树结构，然后在树中搜索从起点到终点的路径。RRT 算法特别适合处理高维空间和复杂约束的路径规划问题，能够有效处理动态变化的环境和未知障碍，但路径的优化度和计算效率仍是其需要改进的地方。D* Lite 算法是一种增量式路径规划算法，专为动态环境设计，它在 D 算法的基础上进行了改进，通过只重新计算由环境变化直接影响的路径部分，来减少计算量，提高路径规划的效率。D* Lite 算法适用于那些环境信息实时变化的场景，能够有效减少路径规划的时间，确保无人机快速响应环境变化。

在实战环境中，动态路径规划不仅需要算法的支持，还需要依赖于精确的环境感知和快速的决策制定。这意味着，无人机的传感器系统、数据处理能力和控制策略必须高度集成和协调，才能确保无人机在面对突发情况时，能够做出最优的路径选择和调整。此外，考虑到实战环境的复杂性，动态路径规划还需要考虑敌方防空系统的部署、自然环境因素以及任务要求的变化等因素，这对路径规划算法的综合性能提出了更高的要求。

7.2.3　目标识别与跟踪

目标识别与跟踪技术是现代无人机系统中一项关键的能力，在执行侦察、监视、搜索与救援等任务时尤为重要。这一能力要求无人机能够自动识别和跟踪动态或静态目标，无论是在城市环境还是在自然环境中。随着技术的进步，无人机的目标识别与跟踪能力得到了显著的提升，这主要得益于图像处理和机器学习技术的发展。

图像处理技术为无人机提供了分析和解读从摄像头和其他传感器收集到的图像数据的能力。图像处理技术包括图像增强、特征提取、模式识别等多个步骤，通过这些步骤，无人机能够在复杂的背景中准确地识别目标。图像增强技术可以提高图像质量，增加目标的可见性；特征提取技术能够从图像中提取有用的信息，如边缘、角点、纹理等；模式识别技术则可利用这些特征来识别图像中的目标。

机器学习技术（尤其是深度学习）为无人机提供了强大的目标识别与跟踪能力。卷积神经网络（CNN）和循环神经网络（RNN）是两种在目标识别与跟踪应用中广泛使用的深度学习模型。CNN特别适合处理图像数据，能够自动地从图像中学习复杂的特征；RNN则擅长处理序列数据，非常适合跟踪目标在视频帧序列中的运动。

无人机在识别和跟踪目标的同时，需要实时调整飞行路径以维持对目标的持续观察。这一过程需要高度的自主性和精确地控制。无人机通过实时分析收集到的图像和数据，能够预测目标的移动趋势，并根据这些信息调整飞行速度、方向和高度。这一过程不仅要求无人机具备高效的数据处理能力，还需要具备高度灵活和精确的飞行控制系统。

7.2.4 自主避障

在未知或敌对环境中进行操作时，无人机的自主避障能力成为确保无人机安全和有效完成任务的关键技术。这一能力允许无人机在遇到预期之外的障碍物（如建筑物、树木或其他飞行器）时，能够及时检测到这些障碍物并自动采取措施规避，以避免碰撞。为实现这一功能，无人机需要依赖高度发达的传感器系统和复杂的数据处理能力。

自主避障系统的基础在于能够利用多种传感器收集到的数据进行环境感知。这些传感器通常包括光学摄像头、红外传感器、雷达（如合成孔径雷达）以及激光雷达，每种传感器都有其独特的优势和局限性。例如，光学摄像头在光照条件良好时能提供高分辨率的图像，雷达和激光雷达则能在低光照或雾天条件下提供距离和速度信息。通过将这些不同来源的数据进行融合处理，无人机能够获得关于周围环境更全面和精确的理解。数据融合技术涉及复杂的算法，包括滤波技术（如卡尔曼滤波）、特征匹配和机器学习方法，以整合和优化来自各传感器的信息。

一旦检测到障碍物，无人机需要快速评估碰撞风险，并制定规避策略。这一过程通常涉及动态路径规划技术（如RRT算法和DWA算法），这些方法能够在保证安全的同时最大限度地减少对任务执行的影响。在制定规避策略时，无人机的控制系统需要考虑多种因素，包括障碍物的大小、形状、位置以及无人机当前的速度和方向。基于这些信息，系统能够计算出一条新的飞行路径，避开障碍物，同时尽可能地保持原有的任务轨迹。

自主避障系统的挑战之一在于需要实时处理大量的传感器数据，并快速做出决策，这要求无人机的计算系统具有高效的数据处理能力和低延迟的控制响应。此外，自主避障系统还需要具备一定的适应性，能够根据环境的变化和任务需求调整避障策略。

7.3　无人机在特殊场景中的应用

无人机技术在特殊场景中的应用不仅展示了无人机独特的优势，还彰显了在应对复杂和急需解决的问题上的潜力。随着技术的不断进步和应用领域的扩大，无人机已经成为森林火灾侦查、山区搜救、城市空气质量监测等关键任务的有力工具。此外，无人机在农业精准种植、历史遗迹保护、野生动物保护等民用领域的广泛应用，进一步证明了无人机技术的多样性和实用性。

7.3.1　森林火灾侦查

森林担负着维系地球生态平衡、调节气候、保护水源和土壤的重要职责，对人类社会发展具有十分重要的作用。随着科技进步，无人机技术在森林资源管理领域的应用逐渐成为有效手段。该技术能够高效、准确地完成森林资源调查，帮助人们及时了解森林覆盖率、树木生长状况、病虫害发生情况等信息，为森林资源的科学管理和可持续利用提供强有力的数据支持。通过无人机拍摄的高清影像，专家能够迅速评估森林健康状况，监测森林变化，从而更好地预防森林火灾和病虫害的发生。此外，无人机在植被分类、林分密度评估以及生物多样性研究中的应用，进一步丰富了森林资源管理的方法，增强了决策的科学性和准确性。在调整林业政策、制定森林经营计划时，无人机调查提供的数据成为制定政策和计划的重要依据。这些精确的数据分析可以确保森林资源在国民经济建设中的有效利用，同时保护和恢复森林生态系统，促进生态文明建设的进步。

无人机在森林火灾的侦查和扑救中发挥着至关重要的作用。一旦森林发生火灾，部署在灾区上空的无人机可以利用搭载的相机和视频等传感器，实时拍摄灾区的照片和视频，迅速将火情信息传递给地面救灾团队。这些及时的信息对于火灾的侦查和探测任务至关重要，能够帮助救灾人员迅速了解火灾的发展趋势和火场的具体情况，从而有针对性地部署救援资源，提高扑火效率。在可见光相机无法工作的恶劣环境下，无人机还可以装备红外成像系统，红外成像系统能够在夜间或能见度低的条件下工作，不受浓烟或恶劣天气的影响，为救灾人员提供清晰的火场图像。无人机的红外成像系统还具备测温功能，能够从成像结果中识别温度异常点，帮助救灾人员及时发现火源，大大减少火灾可能造成的损失。无人机能够快速到达火场上空，搭载的高清摄像头和热成像仪可以实时监测火灾的变化。这些图像和视频资料不仅能够展示火焰的分布情况，还能揭示火源的位置、燃烧强度和扩散方向，对于制定有效的火灾应对策略至关重要。通过热成像技术，无人机还能检测到地面的热点，即使在浓烟和云雾中，也能准确识别，这对于早期发现火源、快速制定扑救计划具有重要意义。除了在火灾防控中的应用，无人机还在防止盗伐、监测病虫害扩散、防止非法土地占用等方面显示出极大的潜力。通过定期的空中巡查，无人机能够覆盖大范围的森林区域，及时发现并记录违法活动的证据，为森林保护提供有力的技术支持。

与传统的侦查方法相比，无人机具有明显的优势。第一，无人机不受地形限制，可以轻松越过崎岖的山地、密集的森林和其他难以到达的区域，这一特性使无人机成为在偏远或难以接近的地区进行火灾侦查的理想选择。第二，无人机能够在短时间内覆盖广阔的区域，为指挥中心提供实时的火场信息，这是地面侦查人员和传统航空资源难以比拟的。使用无人机进行侦查可以最大限度地减少人员的风险暴露，确保救援人员的安全。

在火灾侦查的应用中，无人机还可以搭载其他传感器（如气体检测仪、多光谱摄像头等），进一步扩展其功能。例如，气体检测仪可以监测空气中有害气体的浓度，为防护和安全提供指导；多光谱摄像头能够分析植被的健康状况，帮助评估火灾造成的生态损失。

7.3.2　山区搜救

在探讨山区搜救行动中无人机的使用及其对搜救效率的显著影响时，我们首先需要认识到山区搜救任务的困难和挑战。山区地形复杂多变，包括陡峭的山坡、密集的森林覆盖、变化莫测的气象条件以及有限的视线等。这些因素对搜救人员产生了巨大挑战，尤其是在寻找因迷路、受伤或其他紧急情况而失踪的人员时。传统的人员搜索方式依赖于大量搜救人员分布在广阔且难以通行的地区进行地面搜索，这不仅耗时，而且效率低下。此外，恶劣的天气条件和夜间的黑暗也限制了传统搜救方法的有效性。

进入 21 世纪以来，技术的快速发展为山区搜救带来了创新的解决方案，其中无人机技术的应用尤为引人注目。无人机，特别是那些搭载热成像摄像头和高清摄像头的型号，已成为山区搜救中十分重要的工具。热成像技术能够在夜间或视线不佳的条件下探测到人体发出的热量，高清摄像头则可以在白天提供清晰的视觉图像。这些技术的结合使无人机能够在复杂的山区地形中快速定位失踪人员。

使用无人机进行山区搜救有几个显著优势。第一，无人机可以快速覆盖大片区域，显著缩短搜索时间，与地面搜救队伍相比，无人机可以不受地形限制地飞行，迅速穿越森林、山谷和其他难以到达的地区。第二，无人机的热成像摄像头在恶劣天气条件或夜间提供了一种有效的搜索手段，这是传统搜救方法难以比拟的。第三，无人机的使用降低了搜救人员面临的风险，可以进入可能对人类搜救队伍构成危险的区域进行搜索。

7.3.3　城市空气质量监测

在当前全球面临的环境挑战中，城市空气质量监测成为一个重要议题。随着城市化进程的加快，汽车尾气排放、工业生产以及其他人类活动产生的污染物日益增多，这些污染物对人类健康和生态系统造成了重大威胁。因此，准确、实时地监测空气质量，对于指导政策制定、提高空气质量、保护公众健康具有至关重要的作用。传统上，城市空气质量的监测依赖于地面固定监测站。这些监测站装备有各种传感器，能够持续收集特定地点的空气污染数据。然而，由于这些监测站数量有限且分布固定，它们只能提供有限地区的空气质量信息，难以全面反映整个城市的空气质量状况。

在这样的背景下，无人机技术的发展和应用为城市空气质量监测带来了革命性的变化。无人机搭载的传感器可以精确收集各种空气污染物的数据，包括但不限于细颗粒物（$PM_{2.5}$）、二氧化硫（SO_2）、二氧化氮（NO_2）、一氧化碳（CO）和臭氧（O_3）。与固定监测站相比，无人机具有显著的灵活性优势。它们可以轻松飞行到城市的不同区域，包括那些地面监测站难以覆盖的区域，如城市的中心区域、工业区和交通繁忙的路段。这种移动监测能力使无人机能够提供更加全面和细致的空气质量评估。

无人机在城市空气质量监测中的应用不仅可以扩大监测范围，还能实现高空间和时间分辨率的数据收集。这意味着无人机能够捕捉到空气污染的短期变化和小范围的污染热点，为城市环保决策提供更加精确和及时的科学依据。例如，在特定事件（如烟花庆典或极端气候事件）导致的空气质量突变中，无人机可以迅速部署，收集相关区域的污染数据，帮助决策者迅速响应和采取相应措施。

无人机的使用还为城市空气质量管理提供了一种效益较高的解决方案。与建设和维护多个固定监测站相比，无人机的运行成本相对较低，且部署灵活，能够根据实际监测需求快速调整监测计划和路线。这为资源有限的城市提供了一个有效监测空气质量的手段，尤其是在需要对特定事件或突发环境问题进行快速评估时。

7.3.4　农业精准种植

在过去的几十年里，全球农业生产面临着前所未有的挑战：如何在有限的土地资源上满足不断增长的食物需求，同时保护环境和维持生态平衡。这一挑战促使科技创新成为推动农业发展的关键力量，尤其是无人机技术的引入，它标志着农业生产从传统模式向精准农业的重大转变。无人机在农业领域的应用已经不再只是一个辅助工具，而是成为提高农业生产效率、实现可持续发展目标的核心技术之一。

精准农业（或称为精准种植）的目的是通过采用高科技手段和数据分析，实现对农作物种植的精确管理和控制。在这一模式下，无人机发挥着至关重要的作用。无人机搭载的高精度传感器和摄像头可以对农田进行细致的监测，包括土壤湿度、作物生长状况以及害虫的分布情况等。这些信息经过分析处理后，能够为农民提供关于何时、何地以及如何进行种植、施肥和喷洒农药的精确指导。

无人机在监测土壤湿度方面发挥了重要作用。通过高精度的遥感技术，无人机能够对农田土壤的湿度状况进行全面的扫描和分析，帮助农民了解土壤的水分含量。这种精确的数据支持使农民可以根据实际土壤湿度情况进行灌溉，既保证了作物生长所需的水分，又避免了过度灌溉造成的水资源浪费。在作物生长监测方面，无人机通过搭载的高清摄像头可以捕捉到农田的实时图像，这些图像不仅可以用来观察作物的生长状况，还可以用于检测植被的健康状况，如通过分析作物的颜色变化来早期识别疾病或害虫的侵袭。此外，无人机还可以对作物的生长密度和高度进行测量，为农民提供调整种植密度和优化收割时间的依据。在精确施肥和喷洒农药方面，无人机的应用更是体现了精准农业的核心理念。传统的施肥和喷药方法往往是全面均匀的处理，这不仅增加了化肥和农药的使用量，还可能对环境造成不必要的负面影响。而无人机可以根据前期收集的数据，精确地定位到需要施肥或喷药的区域，以最小的用量达到最佳的效果，既提高了作物产量，又减少了化肥和农药的使用，从而保护了环境。

无人机技术在农业精准种植中的应用不仅提升了农业生产的效率和可持续性，还大幅度减少了农业对环境的影响。通过精确管理农田的每一寸土地，无人机在帮助农民实现更高产量的同时，也为农业生态和环境保护做出了贡献。

7.3.5 历史遗迹保护

在全球范围内，历史遗迹作为人类文明的见证，承载着丰富的历史、文化和艺术价值，它们不仅仅是过去的遗产，更是未来世代的宝贵财富。然而，自然侵蚀、人为破坏和时间的流逝不断对这些宝贵的遗迹构成威胁。在这样的背景下，如何有效地保护和修复这些历史遗迹，记录它们的当前状态，成为文化遗产保护工作中的一项重要任务。随着科技的发展，无人机技术已经成为历史遗迹保护领域的一项创新工具，为考古学家和保护工作者提供了前所未有的便利和效率。

无人机在历史遗迹保护中的应用，主要体现在高清摄影和三维建模方面。这些技术的应用，使无人机能够对那些地面访问困难或无法接近的遗址进行详细的记录和分析。通过高空的视角，无人机能够捕捉到遗迹全貌，包括那些隐藏在密林之中或位于险峻山峰上的古迹。高清摄影技术确保了图像的清晰度和细节，这些图像不仅可以用于当前的保护工作，还为未来的研究提供了宝贵的资料。

三维建模技术的应用进一步拓展了无人机在遗迹保护中的功能，它通过对无人机拍摄的高清照片进行处理，可以生成遗迹的精确三维模型。这些三维模型不仅能够再现遗迹的精确外观，还能够展示遗迹的复杂结构细节，如雕塑的纹理、建筑的装饰等。更重要的是，这些三维模型还为遗迹的保护和修复工作提供了重要的数据支持，考古学家和保护工作者可以利用这些模型对遗迹的损坏情况进行详细分析，制定出更加科学和有效的保护和修复方案。

无人机的应用还具有极高的灵活性和安全性。在一些遗迹，特别是那些结构不稳定或正在进行修复工作的遗址，直接访问可能会对遗迹本身或人员安全带来风险。无人机则可以在不接触遗迹的情况下进行拍摄和测量，最大限度地减少对遗迹的潜在损害，同时保证了人员的安全。

7.3.6　野生动物保护

在全球范围内，野生动物保护一直是环境保护和生态研究的重要议题。随着人类活动对自然环境的影响日益加剧，许多野生动物种群面临着栖息地丧失、食物链破坏以及非法偷猎等严峻挑战。这些挑战不仅会威胁到动物本身的生存，还会破坏生态系统的平衡，影响人类自身的福祉。因此，有效的野生动物保护措施对于维护生物多样性、保护生态环境至关重要。在这一背景下，无人机技术的应用为野生动物保护开辟了新的路径，提供了新的视角和方法。

无人机在野生动物保护中的应用，主要体现在两个方面：监管保护区内的动物活动和收集动物种群分布的数据。通过高空的视角和搭载的高清摄像头，无人机能够在不干扰动物自然行为的前提下，对保护区内的动物进行实时监管，这对于防止偷猎行为尤为重要。非法偷猎长期以来一直是野生动物保护工作面临的重大挑战，偷猎者往往利用保护区内复杂的地形和茂密的植被作为掩护，进行非法狩猎。传统的巡逻和监管方法往往难以覆盖广阔的保护区，且人员和资源有限。无人机的使用极大地提高了监管的效率和范围，使保护人员能够迅速发现并响应非法活动，有效防止偷猎行为。

除了防止偷猎，无人机还在动物种群分布数据的收集中发挥了重要作用。通过对保护区内的动物进行定期监测，无人机可以捕捉到动物的活动范围、迁徙模式以及种群数量等关键信息。这些数据对于了解动物种群的健康状况、生态习性以及生境需求至关重要，为生态保护和科学研究提供了宝贵的基础信息。特别是对于那些难以接近或人迹罕至的区域，无人机提供了一种无干扰、高效率的监测手段，使科研人员能够更加深入地了解和研究野生动物及其生态环境。

无人机技术在野生动物保护中的应用不仅提高了监管和数据收集的效率，还为保护工作带来了新的思路和方法。例如，通过分析无人机收集的数据，保护人员可以更加精确地制定保护措施，如调整保护区的范围、优化资源分配以及制定针对性的保护策略。无人机还可以用于保护区内的植被监测、火灾预警以及生态恢复工程的评估等多个方面，展现了其在环境保护和生态管理中的广泛应用潜力。

7.4　无人机技术的未来趋势

未来无人机的发展趋势应该与社会需求保持一致。为了提高无人机的续航能力和执行力，对无人机的外观进行改造是必不可少的一步。通过体积缩小和机身隐藏实现无人机的隐形化和微型化，将使无人机更能适应各种任务环境，提高无人机的执行效率和隐蔽性。无人机在面对意外状况时的识别和决策能力也是未来研究的重点。通过引入先进的感知技术和人工智能算法，无人机能够准确识别周围环境和障碍物，并做出合理的决策，以应对复杂的情况和任务。

7.4.1　无人机技术的发展

1. 微型化

微型化意味着无人机的尺寸和体积足够小，质量轻，但功能却十分强大，可广泛应用于各个领域。这种微型化无人机不仅方便携带和操作，还能够扮演监视器、跟踪器等多种角色。要实现无人机的微型化，我们首先需要对无人机的基础设备进行缩小，包括无人机的结构、电池、传感器等各个方面。采用先进的材料和制造工艺可以有效地减小无人机的体积和质量，从而实现微型化的目标。同时，我们还需要保证微型化无人机的续航能力和飞行速度，这就需要在微型化的基础上，进一步提升无人机的电池技术和动力系统，以确保无人机具备足够的飞行时间和速度。实现无人机微型化还需要依托生物科技的发展，生物科技可以为无人机的微型化提供灵感和技术支持。例如，借鉴昆虫的结构和运动原理，我们可以设计出更加微小且灵活的无人机。想象一下，如果无人机能够像蚂蚁一样灵活，那么它们将可以在复杂的环境中自如地穿梭，完成各种任务。

2. 隐形化

隐形技术在无人机领域的应用，旨在降低无人机发出的信号，实现对敌方的隐蔽操作。实现隐形的关键步骤包括减少电磁波的反射、降低产生的热量、减少红外辐射以及加速热量的散发。对无人机表面材料进行改良和设计优化，可以有效减少电磁波的反射，使无人机难以被雷达探测。此外，对无人机的动力系统进行改进，采用更高效的冷却技术和燃料，可以显著减少因发动机运作产生的热量和红外辐射，从而降低被敌方红外探测系统发现的风险。通过改进发动机构造或采用特定的添加燃料，无人机能够更快地散发热量，减少在执行任务时的热量积累。这些技术的综合应用，不仅提高了无人机的隐蔽性，还增强了无人机在复杂环境下的生存能力和执行任务的效率。隐形技术的不断发展，预示着未来无人机将在军事侦察、敌后潜入等领域发挥更加关键的作用，为实现更加安全、高效的无人机操作开辟新的可能性。

3. 智能化

无人机的智能化代表了技术进步的方向，意味着无人机具备了自主识别和决策的能力。在作战或执行任务时，这种智能化使无人机能够自动定位目标并做出相应反应。智能化的关键在于提高无人机的自我保护能力和执行任务的效率，既要确保安全，防止被敌方发现或击落，延长生存时间，又要增强战斗力，以减少资源消耗。实现无人机智能化需要在软硬件上进行全面升级。软件方面，通过深度学习和人工智能技术，无人机可以在复杂的环境中快速识别敌我，做出合理的判断和决策；硬件方面，我们需要改进传感器和飞行控制系统，增强无人机对周边环境的感知能力和自主飞行能力。这样，无人机在执行侦察、监视、打击等任务时，能够自动避开敌方防御，精确打击目标，同时最大限度地降低被发现或损毁的风险。智能化无人机在提高作战效能和降低风险方面具有明显优势，其高度自主的操作能力减少了对人工操作的依赖，使无人机能够在更加复杂和危险的环境中发挥作用。

4. 系统化

无人机系统化是未来无人机发展的重要趋势，旨在通过高度集成的系统实现无人机的大规模集群应用，极大地节省人工操作的需求。系统化使无人机能够在统一的指挥和控制系统下协同作业，实现复杂任务的高效完成。在这样的系统中，每个无人机都是集群的一部分，能够根据预设的程序和算法自动执行任务，无须人工逐一指挥。系统化的无人机集群能够根据任务需求，快速地进行自我组织和调整，实现精确的分工合作。例如，在进行大面积地图绘制或环境监测时，系统可以根据任务的复杂程度和作业区域的大小，自动分配无人机数量和各自的作业区域，确保覆盖面积的全面性和数据采集的高效性。系统化的无人机集群在执行搜索救援、灾害评估、农业监测等任务时，可以通过密切配合，相互交换信息，实时调整飞行策略和作业方案，优化整个集群的作业效率。通过先进的通信技术，无人机之间以及无人机与地面控制中心之间的信息交流更加流畅，确保了操作的同步性和协调性。

5. 专业化

科技进步与信息技术的飞速发展为无人机的完善与应用带来了前所未有的机遇。在这样的背景下，无人机在农业、救援、监测、物流等多个领域展现出了巨大的潜力和价值。为了更好地发挥这些优势，专业化成为无人机发展的必然趋势。专业化意味着针对不同领域的特定需求，开发具有针对性的无人机系统和解决方案，这不仅包括硬件设计的优化（如适应特定环境条件的机体材料和结构），还涉及软件算法的定制（如针对农业监测的数据处理软件或者针对紧急救援的实时通信系统）。随着专业化程度的提升，无人机能够更加精确地满足用户的需求，提高作业效率和成功率。例如，在农业领域，专业化的无人机可以进行作物生长监测、病虫害预防等任务，为精准农业提供支持；在救援领域，特定设计的无人机能够在恶劣环境下进行搜救，提高救援效率和安全性。目前，我国无人机行业专业化划分尚处于初级阶段，未来的发展需要更明确的专业化方向和标准，以促进无人机技术和应用的深度融合。随着研究的深入和市场需求的不断细分，专业化无人机的发展将为各行各业提供更加精准、高效的服务，推动无人机技术的广泛应用和行业的快速发展。

7.4.2　无人机变革传统通信领域

无人机在通信服务领域的应用凭借其便携性、灵活性、广泛的覆盖能力及低成本特点，展现出巨大潜力。无人机能够迅速部署于偏远或通信受阻的地区，建立临时通信网络，为灾难救援、大型公众活动提供关键的通信支持。无人机还能进行通信基站的快速检测与维护，保障通信网络的稳定运行。通过无人机技术，通信服务的可达性和可靠性能够得到显著提升，为用户带来更加高效、便捷的通信体验。

1. 增强已有通信服务

无人机作为移动工作站，在通信服务领域的应用极大地增强了现有网络的性能和覆盖范围。无人机能够实现与地面固定工作站以及高空和宇宙中的卫星通信系统的无缝对接，形成一个多层次的通信网络。这种独特的连接方式为网络通信服务的扩展提供了新的可能性，使原本无法覆盖或信号弱的区域得以接入高质量的通信服务。无人机的部署可以快速建立起覆盖范围广泛的临时通信网络，特别是在自然灾害发生后的紧急通信恢复、大型活动举办地区的临时增强覆盖以及偏远地区的通信服务提供等场景中发挥着重要作用。无人机能够根据需要动态调整位置，优化网络覆盖和信号质量，从而实现对地面用户更加稳定、高效的服务。无人机在提高通信网络灵活性和适应性方面也展现出独特优势，可以根据实时通信需求和环境变化，快速调整飞行路线和服务策略。这种灵活性不仅增强了通信网络的鲁棒性，还为用户提供了更加优质的体验，推动了通信技术的发展和应用范围的拓展。

2. 解决偏远地区通信盲点

无人机在通信领域的应用，为偏远地区的通信盲点问题提供了创新解决方案。特别是在地形复杂、难以铺设固定通信设施的山区和海岛等地，无人机能够借助其空中移动的优势，迅速部署，形成临时的通信网络。这种空中通信服务连接了地理隔离带来的信息断层，确保了偏远地区居民和外界的通信畅通无阻。利用无人机进行通信服务不仅能够覆盖传统通信方式难以达到的区域，还能够根据实际需求灵活调整服务位置和时间，实现更为精准和高效的通信覆盖。在突发事件救援、自然灾害响应等紧急情况下，无人机还可以快速建立起救援通信网络，为救援行动提供重要的通信支持。无人机提供的通信服务还有助于促进偏远地区的社会经济发展，通过改善当地通信条件，为居民提供教育、医疗等公共服务的远程接入可能，缩小城乡信息鸿沟。随着无人机技术的不断进步和应用范围的扩大，无人机在解决偏远地区通信盲点方面的作用将越来越显著，能够为这些地区带来更多发展机遇和可能。

3. 应急通信服务

在遭受地震、洪水、台风等自然灾害的紧急情况下，传统通信网络往往遭到破坏，此时，无人机扮演的应急通信服务角色变得尤为重要。无人机能够迅速进入受灾地区，搭建起临时的通信网络，为救援行动提供关键的通信支持。这种灵活高效的通信手段，在灾害应对和救援中发挥着十分重要的作用。通过无人机搭建的临时通信网络，救援队伍能够实时获取受灾地区的详细信息，有效协调救援资源，加快救灾进度。受灾区域的居民也能通过这一网络与外界联系，传递求救信号，获取救援信息，极大提高了生存和救援的成功率。无人机提供的应急通信服务还具有很强的适应性，能够在极端天气条件和复杂地形中稳定工作，保障通信畅通。此外，无人机系统部署迅速，可大幅缩短灾后通信恢复的时间，为灾区的快速恢复和重建提供了有力保障。随着无人机技术的持续发展，无人机在应急通信服务领域的应用将更加广泛和深入，为人类应对自然灾害提供了一个强有力的技术支持，彰显了无人机在现代救援行动中的重要价值。

4. 中间通信

无人机作为中间通信站的角色，在各个领域展现出独特的价值，极大地扩展了通信服务的传递范围。无人机能够在地面通信基站之间建立高效的空中链路，实现数据和信号的迅速传输，在传统通信网络覆盖不到的区域，无人机的这一功能显得尤为重要。无人机可以搭建起灵活的通信网络，有效地填补通信盲区，确保信息传递的连贯性和稳定性。在大型活动、复杂地形探索以及跨越边远地区的通信中，无人机可以快速搭建起临时通信节点，保障通信畅通无阻，支持高效的数据交换和通信。无人机在灾难应急响应中可充当中间通信站，对于确保救援行动中的信息实时更新和指挥调度的准确性至关重要。无人机能够在关键时刻快速建立起稳定的通信链路，支撑救援队伍之间的有效沟通，提高救援效率和成功率。

7.4.3 农业无人机的未来发展

无人机技术在农业领域的应用为农作物保护提供了创新的解决方案，极大地减轻了农民对病虫害的担忧。这种技术的优势在于其高效性和灵活性，能够轻松应对复杂多变的地形条件，尤其是在丘陵和坡地等难以人工作业的区域，展现出了无人机的独特优势。通过精准的农药喷洒，无人机不仅提高了作业效率，还降低了农药使用量，减轻了农民的劳动强度和经济负担。图7-1为农用无人机，它借助搭载的红外线技术，能够实时监测农作物的生长状况和耕作周期，这对于农业生产尤为重要。红外线技术可以精确识别作物生长中的各种问题（如病虫害的早期发现、水分和营养的不足等），为农民提供及时、有效的信息反馈。因此，农民可以根据无人机提供的精确数据，及时采取相应的预防措施，从而避免潜在的损失，减少不必要的农业成本支出。无人机技术的应用还帮助农民实现了精细化管理，通过对农作物生长情况的精准监测，农民可以实施更为合理的灌溉、施肥和病虫害防治计划，提高农业生产的整体效率和产量。这不仅降低了农业生产的环境影响，还提升了农民的经济收益。

图 7-1　农用无人机

7.4.4　5G 无人机的发展

5G 技术的引入标志着通信领域的一次重大飞跃，相比于 4G，5G 在多个关键性能指标上实现了质的提升。中国信通院的数据反映了 5G 技术相对于 4G 的显著优势，为无人机通信和其他智能设备的互联提供了强大的技术支撑。

5G 技术在网络容量方面的提升尤为显著，能够支持单位面积内移动数据的量增长 1 000 倍。这一突破意味着在人口密集或设备密集的区域，5G 网络能够满足更多的数据传输需求，为无人机等设备提供更加稳定和高效的数据通信环境。在传输速率方面，5G 技术实现了单用户数据速率 10~100 倍的提升。这样的速度提升使高清视频传输、实时数据分析等应用成为可能，极大地拓展了无人机在远程监控、物流、农业等领域的应用场景，提高了作业效率和数据处理能力。关于网络延迟，5G 技术的延迟缩短为原来的 1/5，这对于需要快速响应的应用场景至关重要。对于无人机而言，低延迟的通信能力意味着更加精确和及时的控制，提高了飞行安全性和任务执行的准确性。在设备接入方面，5G 网络可支持的联网设备数增加了 10 ~ 100 倍。这一特点为构建庞大的物联网提供了基础，使无人机能够在更加复杂和广泛的网络环境中实现互联互通，促进了智能化应用的深度发展。在设备续航方面，5G 技术的应用使续航时间增加了 10 倍，这对于提高无人机等移动设备的作业效率和持久性具有重要意义。5G 信号下的无人机通信流程图如图 7-2 所示。

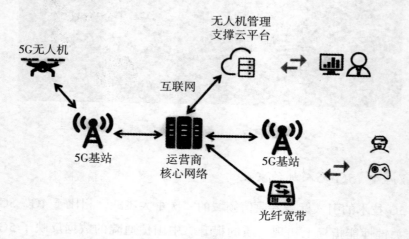

图 7-2 5G 无人机的通信过程

5G 技术的引入为无人机监管和控制领域带来了显著的变革，不仅极大地增强了无人机的性能，还为监管系统提供了有效的技术支持。通过 5G 网络，地面控制中心能够实现对空中无人机的实时监督和精准操控，确保空域安全，优化无人机的运行效率。5G 网络在无人机测控方面的应用同样不容小觑。借助 5G 的高速数据传输和低延迟特性，无人机的测控成本得到了显著降低，测控范围和精度也有了大幅提升。这使无人机能够在更广阔的区域内进行精确的任务执行，无论是地形测绘、农业监控还是环境检测，都能够更加高效和准确地完成。5G 技术的发展推动了无人机应用场景的广泛扩展。无人机与 5G 网络的结合，不仅标志着网络通信技术的进步，还代表了无人机技术应用的多元化。例如，无人机 VR 直播利用 5G 网络的高速传输能力，为用户提供了沉浸式的观看体验；城市安防系统中的无人机可以实现更加广泛的监控覆盖，提高安全管理的效率；在应急救援中，无人机可迅速到达现场，进行灾情评估和救援物资投放；电力巡检和野外科学勘测则因无人机的使用而变得更加安全和便捷。图 7-3 所展示的就是在这种趋势下的 5G 无人机的应用场景。

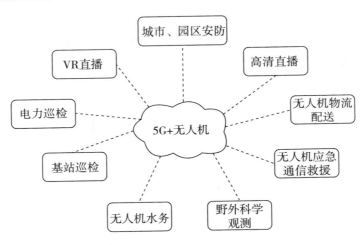

图 7-3　5G 背景下无人机的应用场景

我国无人机市场的迅速发展，显示出了巨大的市场潜力和广阔的发展前景。特别是在民用无人机领域，年增长速度高达 70%，显著快于军用无人机市场的年增长率，这反映了民用无人机在农业、物流、航拍、环境监测等多个领域的广泛应用和需求增长。与此同时，5G 网络技术的引入为无人机提供了更为广阔的通信环境，解决了以往无人机在网络通信方面的局限，极大地推动了无人机技术和应用的进步，加速了无人机产业的整体发展。随着 5G 网络的持续推广和优化，未来无人机市场的规模将进一步扩大。5G 网络的高速、大容量、低延迟特性，为无人机提供了更加强大的数据传输和处理能力，使无人机在智能化、自主化方面的发展成为可能，为无人机的多元化应用提供了坚实的技术支持。面对无人机市场的快速发展，国家层面需要采取积极措施，促进无人机产业的健康发展，包括由民航局、教育部等相关部门制定和出台支持无人机产业发展的政策措施，加强无人机领域的人才培养和专业教育，提高从业人员的技术水平和职业素养。国家需要建立和完善无人机操作规范和安全管理制度，确保无人机的安全运营，保护公众利益和空中交通安全。综上所述，我国无人机产业正处于快速发展期，将迎来更加广阔的发展空间，为社会经济的发展贡献更大的力量。

参考文献

[1] 刘颖，曹聚亮，吴美平 . 无人机地磁辅助定位及组合导航技术研究 [M].
北京：国防工业出版社，2016.

[2] 迪卡德 . 容错飞行控制与导航系统：小型无人机实用方法 [M]. 北京：国
防工业出版社，2012.

[3] 王耀坤，郭伟丰，高静 . 无人机系统概论 [M]. 北京：北京航空航天大学
出版社，2020.

[4] 吴成富，程鹏飞，闫冰 . 无人机飞行控制与自主飞行 [M]. 西安：西北工
业大学出版社，2020.

[5] 何雄奎 . 植保无人机与施药技术 [M]. 西安：西北工业大学出版社，
2019.

[6] 贾玉红 . 无人机系统概论 [M]. 北京：北京航空航天大学出版社，2020.

[7] 房余龙 . 无人机技术与应用 [M]. 苏州：苏州大学出版社，2021.

[8] 于明清，司维钊 . 无人机飞行控制技术 [M]. 西安：西北工业大学出版社，
2018.

[9] 符艳军 . 无人机景象匹配技术 [M]. 西安：西北工业大学出版社，2021.

[10] 卢艺，张泽京，张曙光 . 面向适航的无人机系统安全性动力学建模与
仿真 [M]. 上海：上海交通大学出版社，2021.

[11] 倪瑛，李楠 . 无人机导航定位技术 [M]. 北京：航空工业出版社，2020.

[12] 黄智刚，郑帅勇．无人机通信与导航 [M]．北京：北京航空航天大学出版社，2020.

[13] 高宏建，薛九天，苏小东．无人机导航与飞行控制技术 [M]．北京：北京航空航天大学出版社，2023.

[14] 黄智刚．无人机通信与导航 [M]．2 版．北京：北京航空航天大学出版社，2023.

[15] 宗群，谌宏鸣，鲁瀚辰，等．导航拒止环境下无人机自主导航与运动规划 [M]．北京：科学出版社，2023.

[16] 凌志刚，李耀军，潘泉，等．无人机景象匹配辅助导航技术 [M]．西安：西北工业大学出版社，2016.

[17] 北京海鹰科技情报研究所．海鹰智库丛书：导航制导与控制技术篇 [M]．北京：北京理工大学出版社，2021.

[18] 王连友，杨国田，李炳阳，等．基于改进 VINS 的无人机室内定位与自主导航方法 [J/OL]．控制工程．https://doi.org/10.14107/j.cnki.kzgc.20231064.

[19] 马铭江，熊智，王融，等．集群无人机协同导航构型优选方法 [J]．电光与控制，2024，31（5）：1-7.

[20] 尹中杰，侯博，王海洋，等．无人机导航诱骗技术综述 [J/OL]．电光与控制．https://link.cnki.net/urlid/41.1227.TN.20240116.1159.002.

[21] 曹正阳，张冰，白屹轩，等．GNSS/INS/VNS 组合定位信息融合的多无人机协同导航方法 [J]．兵工学报，2023，44（S2）：157-166.

[22] 易明疆，李晋徽，温志津．无人机卫星导航欺骗式干扰技术的发展现状 [J]．舰船电子对抗，2023，46（6）：44-51.

[23] 张生德．无人机实时感知处理技术在应急领域的应用 [J]．数字通信世界，2023（12）：132-134.

[24] 周仁建，王强，魏春晓，等．面向定向培养军士生的课程思政建设探

索与实践：以《无人机控制与导航技术》为例 [J]. 成都航空职业技术学院学报，2023，39（4）：18-21.

[25] 于甜甜，李茂. 无人机控制技术在变电站巡检中的应用 [J]. 集成电路应用，2023，40（11）：94-95.

[26] 杨卫平. 新一代飞行器导航制导与控制技术发展趋势 [J]. 航空学报，2023，44（23）：1029720.

[27] 郭子恒，蔡晨晓. 基于改进深度强化学习的无人机自主导航方法 [J]. 信息与控制，2023，52（6）：736-746，772.

[28] 韩子硕，范喜全，郝齐. 国内外无人机系统研究进展及应用 [J/OL]. 无线电工程 .https://link.cnki.net/urlid/13.1097.TN.20230906.1118.006.

[29] 张鹭，周继航，乔会东，等. 基于旋翼无人机受扰保护策略的卫星导航信号欺骗干扰方法 [C]// 中国卫星导航学术年会组委会. 第十四届中国卫星导航年会论文集：S01 卫星导航应用. 北京：中国卫星导航系统管理办公室学术交流中心，2024：7.

[30] 王先知. 无人机地面导航控制系统设计与实现 [J]. 科技创新与应用，2023，13（24）：129-132.

[31] 熊华捷，蔚保国，易卿武，等. 无人机集群云端协同导航控制算法研究 [J]. 全球定位系统，2023，48（4）：44-48，56.

[32] 龚静，冯笛恩，夏林. 微型无人机发展现状及未来趋势 [J]. 飞行力学，2023，41（5）：12-22.

[33] 张曌宇，李楠，严恭敏. 多无人机协同导航技术发展与展望 [C]// 中国惯性技术学会. 惯性技术发展动态发展方向研讨会文集：新型惯性元件与先进导航技术. 北京：中国惯性技术学会，2023：13.

[34] 魏帅迎，杜雨桐，胡博，等. GNSS 拒止环境下 UAV 集群协同导航技术发展现状及分析 [J]. 导航与控制，2023，22（4）：5-16.

[35] 王保兵，王凯，王丹丹，等. 地下复杂空间无人机研究进展及其面临的挑战 [J]. 工矿自动化，2023，49（7）：6-13，48.

[36] 马超，刘宗敏，杨俊，等 . 反无人机导航欺骗技术发展与应用 [J]. 国防科技，2023，44（3）：59−67.

[37] 苏超 . 架空输配电线路无人机自主巡检关键技术研究与应用 [D]. 杭州：浙江大学，2023.